空间灵动家

工业化住宅设计理论与技术实践

陈 光　盛 珏　孙亚军 等著

中国建筑工业出版社

图书在版编目（CIP）数据

空间灵动家：工业化住宅设计理论与技术实践/陈光等著. —北京：中国建筑工业出版社，2020.2
ISBN 978-7-112-24517-8

Ⅰ.①空…　Ⅱ.①陈…　Ⅲ.①住宅-室内装饰设计-研究　Ⅳ.①TU241

中国版本图书馆 CIP 数据核字（2019）第 283577 号

本书对空间灵动家产品进行了详细的介绍。全书共 4 章及 5 个附录，包括：绪论、重新定义建筑、空间灵动家、空间灵动家技术创新、建筑内装技术集成、结构技术集成、给排水技术集成、暖通空调技术集成、电气技术集成。本书提供了一种全新的设计理念，可供建筑工业化的从业人员参考使用。

责任编辑：王砾瑶　范业庶
责任校对：李欣慰

空间灵动家
工业化住宅设计理论与技术实践
陈 光　盛 珏　孙亚军 等著

*

中国建筑工业出版社出版、发行（北京海淀三里河路 9 号）

各地新华书店、建筑书店经销

北京科地亚盟排版公司制版

临西县阅读时光印刷有限公司印刷

*

开本：787×1092 毫米　1/16　印张：12　字数：262 千字
2020 年 8 月第一版　　2020 年 8 月第一次印刷
定价：**98.00** 元
ISBN 978-7-112-24517-8
（35171）

　　美好生活是人类亘古不变的愿望，每个时代人们对其都有不同的期许，住宅就成了承托这种愿望的重要载体。依据马斯洛需求层次原理，居住者对其房屋性能关心的顺序层级依次是安全、功能、成本和美观。随着中国经济的快速发展、居民生活水平的提高、家庭结构的变化，人们对居住空间的要求渐趋多样化和个性化，希望居住空间能够以人为核心、更具灵活性，市场也在寻求能够长期满足动态变化的居住产品，设计和研究人员针对住宅全生命周期中的可变空间技术也在进行探索，研究如何提高建筑质量、降低建筑成本、营造舒适居住环境，进而满足居民日益增长的美好生活需求。与此同时，我国环保问题日益严峻，建筑行业粗放式现场施工造成资源浪费、环境污染、质量不可控，在国家政策大力支持下，建筑业转型升级可持续发展的趋势愈发明显，然而，与之相关的建筑设计方法、技术条件、工业化手段缺乏，住宅工业化仍处于低级阶段。

　　住宅的可变空间设计理论萌芽于 20 世纪初，在西方国家，随着住宅工业化的发展为当地居民带来高品质的居住体验，减少了建筑污染和建材浪费。在我国，由于经济条件等因素所限，集合住宅以剪力墙结构为主，内部承重墙多，开间较小，户型内部空间固定，无法满足未来用户灵活分隔和空间改造的需求。当今，灵活性强且能持续适应使用者多样化需求的大开间工业化住宅越来越受到人们的青睐，研究相关的设计理论和方法，创新研发相关材料和技术，实现科学、可持续的住宅工业化必将是建筑领域的重要趋势之一。

　　陈光总建筑师潜心建筑设计及理论研究二十余年，近年带领研究团队跨界于装备制造业和建筑业，致力于建筑的工业化转型升级，在住宅可变空间设计理论基础上提出了"空间灵动家"概念设计，这是该团队建筑设计实践与工业制造技术研究的成果结晶。作者研究国内外相关工业化住宅、装配式住宅、装配式装修、空间可变建筑等的技术成果和理论文献，分析建筑全生命周期中住户在不同年龄段生活习惯和需求，总结居室活动特点、人体工程学与灵活空间基本尺寸之间的关系和规律，提出了崭新的住宅系统设计理念。

　　《空间灵动家——工业化住宅设计理论与技术实践》这一建筑工业化研究成果，通过对居住空间根本需求的分析，完善居住功能，研究住宅不同空间构成，通过可持续发展的绿色建筑技术和数字化工业制造手段，创造可变空间，延长住宅使用寿命，提高人居环境质量；同时，用系统的设计思维研究建筑工业化，从建造模式、居住模式到商业模式重新思考建筑，借鉴工业领域的模块化设计方法，利用工业化的方式实现大开间、极简结构、自由灵活的空间布置，尝试为住户提供绿色、生态、智慧的建筑。"空间灵动家"注重人们本身的需求，为居住者提供健康、舒适、节能、环保、智能五个维度平衡发展的高品质住宅，既满足人们对于功能、环境等多方面的需求，也综合平衡了社会的可持续发展。该研究团队不仅提出了相关设计理论，在住宅工业化技术方面，也有大量的创新实践，申请了近二十项发明和实用新型专利。如此系统地进行大开间可变居住空间的设计理论研究与技术实践，乃当代居住建筑适应性研究领域一大创造性贡献。

中国城市住宅建设以其惊人的速度和庞大的规模令世界瞩目，如果建筑师能够将节能、节地、节水、节材和减少污染物排放的可持续理念和方法融入建筑创作全过程中，并成为自觉行动，中国大地上将遍布绿色建筑，美丽中国将成为现实！希望此书能为提高中国住宅建筑质量和设计水平发挥积极作用。

笔者有幸作为陈光的博士研究生导师，目睹了他从一位业内知名建筑师到建筑技术体系研究者的转变和成长过程。他及其所领导的技术创新团队为我国建筑工业化做出了突出的贡献，今著成此作，亦必将成为我国住宅工业化和建筑可持续发展的里程碑。

值《空间灵动家——工业化住宅设计理论与技术实践》专著出版之际，谨表祝贺，以为序。

中国工程院院士，中国建筑学会副理事长
西部绿色建筑国家重点实验室主任
2020 年于古城西安

从原始洞穴棚屋到现代摩天大厦，人类的居住形式在数千年的历史中缓慢发展。建筑反映着一个时代人类社会发展的水平和特征。中国的城镇住房正处于从追求数量到追求质量的转变时期，住宅市场也正在转型成为满足居住需求基础上的生态可持续市场，过程中凸显出两大主要矛盾：商品住房的投资属性被过度放大，居住属性被压制；住房供给品种过于单一、供应结构不合理，难以满足不同人群、生命周期不同阶段的多层次住房需求。因此，深入分析人们的根本居住需求，回归居住本质，从建筑工业化以及居住建筑全生命周期的可变性进行研究，强调住宅实施过程的绿色环保与可持续发展性，已成为建筑发展的迫切要求。

三一集团是全球建筑工程机械三强之一，在智能制造领域可以为建筑业提供丰富的经验和资源。针对住宅的可变设计，从建筑工业化的逻辑出发重新思考建筑，三一筑工科技有限公司研究大开间自由灵动住宅概念产品，开发可工厂订制、现场装配的部品部件。空间灵动家概念设计及其配套的装配式集成机电创新技术是对居住模式的一种探索，使建筑的结构外壳与内装、机电设备相互独立，内装、机电设备的更新迭代以及未来先进科学技术、科技产品的集成不被结构制约。在以上研究与开发的同时，还为企业与研发机构提供了一个互动、协作的创新应用平台，书中的创新技术与产品需要产业链条上的各个企业相互协作、共同实现。通过这些技术产品的创新设计与试验，逐步集成智能家居及智能设备，推动建筑科技进步，促进住宅建筑向工业化、绿色化、智能化转变。

为此，研发团队分析人们对居住空间的根本需求，研究工业化住宅与可变空间的发展历程，利用工业领域的模块化设计方法进行空间的可变研究，利用工业化的方式实现大开间自由灵活的空间布置，开发从设计到生产的数字化技术。同时，对集合住宅的工业化技术进行整体规划，系统集成配套技术，创新研发了建筑、内装、结构、给排水、新风与空调、电气与智能化等专业的技术及产品，并申请了大量相关专利，如可拼装模块化集成隔墙等。

非常感谢本书写作过程中建筑设计行业知名专家的悉心帮助和指导。本书由于工作量大，时间仓促，经验有限，内容难免存在疏漏之处，敬请批评指正，以便逐步完善、更新和修订。

三一集团总裁唐修国先生提供研究方向以及智能制造相关的专业指导

主要著作人：陈光（西安建筑科技大学、三一集团）、盛珏、孙亚军、张雪松、王景龙、安玉翠、唐动直（三一筑工科技有限公司）

专家顾问：赵钿、王凌云、王耀堂、朱永智（中国建筑设计研究院）；郝学、涂欣（中国建筑标准设计研究院）；周有娣（北京市建筑设计研究院有限公司）

绪　　论

1.1　溯源建筑

居住形式的形成和变迁与居住观念的演变是相互作用的，对建筑发展的社会学研究，其意义比单纯的技术性研究更为重要，可以说，社会文化研究是技术工作的基础，因此，要对建筑追本溯源，并研究分析人们对建筑的根本需求。

房屋的出现是人类生存技能的一次革命性飞跃，舒适安全的庇护场所为人类在某一区域长期定居提供了条件。定居为农业的诞生与发展提供了基础，没有固定的居所，就没有原始农业的诞生和发展壮大，只有掌握了房屋建造技术，人类才能自由地选择定居地，才能更容易找到适宜的地形，在适宜的气候条件、适宜的季节和相对稳定的时期，深入观察植物习性，尝试种植，形成种植观念，开始其原始农业的探索历程[1]。从原始洞穴棚屋到现代摩天大厦，人类的居住形式在历史中缓慢发展，建筑的功能也不断发生着变化，这种变化反映了一个时代人类社会的发展程度和发展特质[2]。随着建筑活动的不断发展，人们越来越清楚地认识到建筑的本质——一种服务于人的空间存在，其最根本的特征在于满足人的物质和精神需求，并被赋予人类活动的各种意义。人类的建筑活动不仅是创造建筑实体或实体围合的有形空间，更是探索建筑本质的过程。因此，分析建筑发展的历程，不仅有助于理解建筑的发展规律，揭示建筑的本质，也有助于理解人类的文明历程，以便更好地把握未来。

西方学者劳吉尔、夸特美尔·德昆西和维奥莱特·勒杜克等都假想过人类第一个建筑原型诞生时的场景：洞穴中居住的原始人类因对光的向往搭建了原始棚屋，或利用树枝树干仿照自然树木建造的树屋。我国学者也从春秋战国时期开始就一直关注房屋的起源问题。春秋的《周易·系辞传》"上古穴居而野处，后世圣人易之以宫室，上栋下宇，以待风雨"。西汉的《淮南子·氾论训》："古者民泽处复穴，冬日则不胜霜雪雾露，夏日则不胜暑蛰蚊虻。圣人乃作为之筑土构木以为宫室，上栋下宇以蔽风雨，以避寒暑，而百姓安之。"现代建筑理论经典著作《建筑空间组合论》论述"原始人类为了避风雨、御寒暑和防止其他自然现象或野兽的侵袭，需要有一个赖以栖身的场所——空间，这就是建筑的起源。"[3]

不管中西方学者如何猜想与假设建筑的起源，建筑的出现都是远古先民出于迫切的功能需求而进行的技术创造。如躲避风雨寒暑等不利的气候因素，寻求舒适功能的需求；防御禽兽虫蛇及自然灾害、保护自身与财产的安全需求；以及兼具舒适与安全的功能需求。而除了功能、安全等实用需求外，建筑的存在还体现了人类的精神需求，哲学家黑格尔曾把建筑的起源归结为"人类寻找精神家园的缘故"，暗含了蕴藏于建筑中的深层内涵，即人对于建筑的理解以及宇宙观在建筑中的反映。

随着社会的发展，人与建筑逐渐形成共存的关系，人类由出生到死亡都在建筑所构建的空间中度过，建筑不但体现自身存在，同时也成为人类存在的物质形式。

一切建筑活动，无论历史的、现在的还是未来的都应当被视为一种与人的生存和生命活动直接关联的活动，从而也是人的最经常、最平凡的活动。在建筑呈现多元化的今天，重新思考建筑的本质，强调建筑外在形式与内在精神的统一，人们才可能充分认识到建筑之于自身生命活动的真正意义，从而也才有可能十分真诚地投入到建筑活动中去。

1.2　人类对建筑的需求分析

建筑活动是一种人类的活动，是人为的，也是为人的，只有人才有建筑文化，因此研究建筑也需要深入了解人类活动与文化，实质是分析人们对建筑的根本需求。

马斯洛的金字塔原理[4]，将人的需求分为五等，从低到高分别为：生理的需求，安全的需求，情感的需求，被社会承认的需求，自我实现的需求。后三类需求可以归结为精神需求，对应人与建筑的需求实质上可以把这五种需求归结为生理需求、安全需求与精神需求。按照马斯洛的理论，人们对建筑的需求首先是生理的需求，即在人类发展进化中形成的寻求遮蔽风雨及寒暑的庇护本能。其次是安全需求即防自然灾害、防侵入、防跌落等安全防护以及寻求可靠结构的需求。这些需求都是人们对建筑最基础的需求，有了这些保障，人们依次寻求更高层次的要求。

1.2.1　人们对建筑的生理、安全需求

仔细分析人们对建筑的生理需求，主要有以下几个具体方面：

1. 人们对建筑的生理需求

人类对建筑最基本生理需求是遮风避雨，即人们对建筑围合而成的空间有防水防潮防冻、隔声、采光、通风等建筑物理性能的功能需求。这类需求主要有：

对温度、湿度及气压的要求：人体的正常体温是 $36\sim37^\circ\!C$，人类可以长期生存的极限

温度在−10～40℃，人体最适合的环境温度在 20～28℃之间。人体在 0%～100%的湿度环境下都能生存，人体最适宜的空气相对湿度是 45%～75%。气压对人体的影响主要是影响人体的氧气供应以及情绪。人类生活的区域为一个大气压，登山运动员通过训练可以承受更大的压力，当气压突然降低至地面大气压 57%的时候人会毙命。温度、湿度、气压相互影响，地球上不同纬度不同气候区的温度、湿度及气压条件差异很大，为了拓展人类的生存区域，满足人们在进行活动时的温感条件，维持空间内合适的温度、湿度及气压，是建筑的重要功能之一。

适度的隔声，是为满足听觉和私密的需求。声音是人们感知事物的另外一个因素，但是噪声对人有危害，其危害程度主要取决于噪声的频率、强度及暴露时间。85dB 以下的噪声不至于危害听觉，85dB 以上则可能发生危险，而长期暴露在 90dB 以上的噪声环境中，耳聋发病率明显增加，严重影响人的精神和生理健康。因此隔声是人们能健康生活的生理本能需求。睡眠需要 30dB 以下的安静环境，温馨舒适的声环境在 40dB 以下，因此住宅中卧室、起居室的隔声要求为白天小于 40dB，夜间小于 30dB；同时，建筑的隔声也是满足现代社会文明生活的私密性需求。

满足人的视觉要求、趋光心理及健康卫生的需求。光塑造了物体的形态、肌理与色彩，是反映建筑形态、营造氛围的重要手段，也是人类感知事物的基础条件之一，人类离不开光，并在光环境中成长，在黑暗中人类具有选择光明趋向，是光给人了希望，是光增加了安全感，光既是人类的生理需求，同时也是影响人心理的重要因素。光照也与人类健康密切相关，光照分为自然光和人造光，自然光中的紫外线有很强的杀菌能力，保持一定的日照要求是人们对居住健康的基本需求。因此，建筑需要满足一定的透光性、产生一定效果的光线，并符合日照要求。

随着人类进步与社会发展，所有这些满足人们在建筑内活动的生理需求及其他感官的要求也会进一步变化与提高，比如对建筑内部洁净空气、防病菌的健康卫生需求就是随着人类社会发展，空气污染、环境破坏带来的生理需求。

2. 人们对建筑的空间尺度需求

建筑围合成的空间要拥有足够宽敞的体量，满足人们在空间内开展基本活动，完成基本动作，如：坐、卧、立、蹲、行走及其他活动，不同的行为活动产生不同的动作，不同的动作对应不同的行为活动，这些行为活动所需要的空间尺度也不尽相同。以家庭为单位居住的住宅之中，家庭成员有男人、女人、老人、小孩，身高体态各不相同，不同的人同样的行为活动所需要的空间尺度也不同，因此从根本上详细研究分析不同人在不同行为活动下的空间尺度需求是建筑的重要课题，其理论依据是人体工程学。人体工程学中确定室内空间尺度的重要依据因素之一是人的动作域，即人们在室内各种工作和生活活动范围的大小，以各种计测方法测定的人体动作域，也是人体工程学研究的基础数据。

人体尺度具体数据尺寸的选用，应考虑在不同空间与围护的状态下，人们动作和活动的安全，以及对大多数人的适宜尺寸，并强调以安全为前提，例如：对门洞高度、楼梯通行净高、栏杆扶手高度等，应取男性人体高度的上限，并适当加以人体动态时的余量进行设计；踏步高度、上搁板或挂钩高度等，应按女性人体的平均高度进行设计[①]；栏杆杆件的净距以儿童头部尺寸为上限；住宅出入口坡道的宽度以残疾人的轮椅尺度设计控制。人体尺度是家具、建筑设计的尺寸基础等。

如果说人体尺度是静态的、相对固定的数据，人体动作域的尺度则为动态的，其动态尺度与活动情景状态有关。因此人们对建筑的空间需求研究实际是人体动作域的研究。

3. 人们对建筑的安全需求

人们对建筑的安全需求最早是防止虫禽野兽，如今对于防止动物侵入的功能已经转变为人们保护私有财产的防侵入需求及保证日常活动正常开展的需求。人类社会发展至今，建筑越盖越高，规模越来越大，人们对建筑的安全需求也愈来愈强烈，如：要求建筑具有防火、抗震、防洪、防空、抗风雪和雷击等灾害时的防护能力、紧急疏散能力和调节恢复能力，以及保证人们安全进行日常活动的能力。

1.2.2 人们对建筑的精神需求

人的感官所接受的信息都通过思维的处理，人对建筑有心理需求，建筑空间还承载着人们的精神需求。生理需求是人们最基础最底层的需求，在满足生理需求后，人们会有更高层次的精神需求。人的精神世界是一个广阔无际的天地，人的需求是丰富且永无止境的。越是物质方面的需求得到较大满足时，精神方面的需求也就越多、越强烈、越重要、越迫切。人的精神需求的数量与质量的增长是与社会的文明程度及其发展速度成正比的。我们必须创造一种能满足人的情感的物质需要，并能激发人的精神增长的物理环境。人在创造环境的同时，环境反过来也对人产生影响。要使建筑环境创作既有"情"又有"理"，既有高度的科学性，又有浓厚的人情味，是多元的而不是单元的，是丰富复杂的而不是简单划一的，这样才能符合人对环境的心理需求。

人的任何活动都伴有心理现象，感知是人与空间环境的媒介。如室内环境的宽敞感、亲切感、舒适感也多与视觉知觉有关。如果建筑环境中，建筑物形状各不相同，人对建筑物外形的感知，就通过眼睛对建筑群实体的轮廓进行观察给大脑提供形体信息，加上感受者自身的心境与经验验证，形成知觉。这种活动对建筑环境的需求，就是人对建筑的基础性心理活动的需求。高级的心理活动，则是深一层的心理活动，诸如心境、情绪、意志和审美等活动。人的高级心理活动，是人的社会化的产物，研究建筑环境如何满足这些心理活动的需求，必须把个人的高级心理活动与社会心理结合起来。

建筑布局诸因素对个人空间的私密心理、领域心理、保护距离、保护措施等都会产生

---

① 引自百度百科

不同程度的影响。而建筑的大小、形状、方向，空间的开敞或封闭、明亮或黑暗，也都可以对人的精神产生作用。一个宽阔高大而明亮的大厅，会使人觉得开心舒朗；一个虽宽敞但低矮昏暗的大厅，会使人感到压抑沉闷甚至恐怖；一个狭长而且高大的哥特式教堂中殿，会使人联想到上帝的崇高和人类的渺小；一个狭长而并不高的长廊会使人产生期待感；开阔的、宏大的广场往往令人振奋；四周高墙封闭而面积狭小的广场则容易使人感到压抑等。这些都表明了建筑对人的精神影响。

人对建筑的感受是复杂多面的，涉及许多社会方面的因素（包括：地方性、民族性，文化的因素，环境因素）以及个人因素（包括：人的性格、气质、爱好、习惯等）。如何让一个固定的建筑空间能够最大限度最长时间的满足人们的需求变化，提供美好而舒适的体验，是值得探讨的深刻问题。

1.2.3　居住需求发展趋势

人们对居住环境的需求条件和整个社会经济发展水平、住房水平以及现有的住房市场体系有关。住房市场发展的根本要求是为居民提供基本的生活条件，最大限度地解决居民的刚性需求。在发达国家居民的居住环境需求已不单是对基本生存居所的需要，而是对更加适宜自身生活的环境需要，在中国城市居住条件已越来越不能满足居民日益增长的生活需求。

居住需求的主体是城镇居民整个家庭，居住需求表现的是家庭需求的特征，即家庭生命周期特征。因此居住需求具有时间上的阶段性，表现为家庭在不同时期会根据家庭成员的生活需要而产生不同的居住环境需求。依据需求层次理论对住房需求进行分析发现，住房需求体系也是一种渐进的分层体系，居民在家庭结构、经济收入、生活方式和习惯、审美情趣上的差异导致了其住房需求的差异。居住需求同样具有层次性，且依次渐进，由于居民家庭情况、生活方式以及价值判断的差异会使得居民的居住需求出现差异。居住需求与居民生活水平、家庭收入水平、购买能力以及消费模式密切相关，同时由于居住需求本身具有阶段性，因此居住需求也会产生一定的层级，当下一层级的需要得到满足，能够实现上一层级的需要将成为居民消费的原动力。按照上述理论，根据对居住条件的功能及改善需要，可以把居住需求自下而上划分为三个层级：基本功能待改善需要层、宜居功能改善需要层、特定功能改善需要层。

通过对需求变化规律的分析发现人类的需求除了具有层次性也表现出了一系列的进化规律：需求的进化具有动态化、协调化、集成化、专门化和理想化[5]。居住需求会随着居民的家庭、时间、空间、权属等条件的变化而变化，在居民的家庭生命周期中表现出需求动态演变的进化过程。该过程在时间选择、空间分异和需求层次结构分布上会表现出相应的变化趋势，同时需求变化会根据特定的环境、家庭类型和特定的家庭事件而表现出一定的规律。除此之外，居住需求会随着居民不断更新的对居住环境的认知和不断提高的生活水平而表现出一定的趋势。居民在住房市场中的消费趋向专门化，这种趋势会要求住房市场在进行相应的产品供应时会更加具有针对性，从而能够更高质量的满足居民的居住需求。随着社会发展与消费升级，用户对住宅的功能需求已不同于传统，除了家庭人口结构不同等因素外，大量新职业的诞生也使住宅设计更为复杂，传统观念中对于住宅各项需求的功能界限在模糊，如 SOHO 将工作和生活融为一体；同时近年来出现的新购房用户群体所带来的新的生活方式也对住宅的需求更加多样，如对家庭室内健身房的倾向等。

传统住宅供应的既定套型模式已不符合时代要求，这成为催生大空间灵活可变住宅的原动力。

1.3   住宅工业化发展分析

建筑行业正面临着劳动力等资源要素成本上升、环保压力等诸多难点，必须大力发展住宅建筑集约化、标准化、工业化的生产方式，解决以往住宅建设建造过程中的问题，提高住宅质量，降低生产成本，加快住宅建设速度，满足当前人们对住宅品质的需要；同时人们需要一种可以真正自由灵活可变的住宅产品，其居住空间可以满足市场需求。

住宅工业化，是指用工业产品的设计和制造方法，进行住宅建筑的生产，把产品设计成具有一定批量的标准化部件或集成化的部品，再用标准部件或者部品组装成住宅产品的过程。

1.3.1   国外工业化住宅的发展历程

国外住宅工业化是在"二战"后发展起来的。欧洲各国在 20 世纪五六十年代即采用工业化建造了大量住宅，并形成了一批完整的、标准化、系列化的建筑住宅体系[6]。当时各国经济处于恢复时期，住宅生产能力低下，为此，各国开始采取多种方式，促进住宅产业的发展，来满足战后爆发的居住需求。

由于"二战"带来的创伤，英国、法国、苏联、瑞典等欧洲国家出现住宅短缺的问题，各国住宅需求量大增，市场供不应求，引发了住宅建设领域的一场住宅工业化革命。欧洲各国开始大量工厂化预制构配件以提高住宅建筑的生产效率，在保证质量的前提下，短时间内高效快速建造了大量的住宅，解决了国内居民的住宅短缺问题。在 1980 年以后工业化住宅发展已趋向成熟，这些欧洲国家住宅工业化发展转向注重住宅的功能和个性化[7]。比如法国是最早推行工业化建筑的国家之一，并创立了第一代住宅工业化；瑞典有接近八成的住宅都是以通用部件为基础的工业住宅通用体系；丹麦则是世界上第一个将模数化法制化的国家，大量居民住宅建造都采用多样化的装配式体系[8]。概括来说，欧洲的发展模式可以归纳为以下三点：

（1）大批量需求的快速发展，再到注重品质发展的模式；

（2）从标准化向通用化体系、多样化发展；

（3）未来向信息化、可持续方向发展的模式。

欧洲各个国家的发展模式基本相同，只是标准化和多样化的具体设计手法不一样，各国有适合各国的发展特色。

美国工业化住宅的发展始于 20 世纪初，在工业化住宅的技术体系研究和立法方面都较为成熟[9]。美国没有受到"二战"的影响，美国工业化住宅的道路不同于其他国家。美国工业化住宅始于移动房屋，注重多样化和个性化的发展，注重一体化道路。如今，美国已经形成了自己通用化的结构构件，部品标准化、工业化，社会工厂化生产。用户只需按照个人的需求进行房屋设计，然后按照产品目录，选择个人喜欢的构配件。美国有自己的通用化结构构件及部品部件目录，标准化生成的工业化住宅多样化程度高，而且内部空间个性化程度高。同样，美国注重住宅的环保及科技化。住宅产业中会用到太阳能技术、水循环技术，甚至会用到太空船中的先进技术。

日本是世界上率先在工厂里生产住宅的国家，于 20 世纪 60 年代开始了住宅工业化的探索，20 世纪 60 年代完成了工业化住宅从数量到质量要求的转变。住宅工业化的概念最早出现在日本，经过 30 多年的发展，已经成为住宅产业比较发达的国家之一[10]。日本在工业化的发展道路上，于不同的发展阶段，有不同的研究成果。面对战后大批量建设的需求，积极借鉴国外经验，积极研究适合本国发展的道路，制定标准化的住宅体系；面对大量建设需求时代的结束，建设目标又快速的调整为提高质量、性能及舒适度的方向；面对舒适性、老龄化、信息化等问题，为了满足不同群体的多种类需求，住宅产业化的发展方向转向了注重住宅的质量、性能及个性化方面；最后，追求百年住宅，强调个性化，应用KSI① 体系，该体系将支撑体与内部填充分开，支撑体可做到百年不坏，内部填充可以根据个人需求来更换，内部空间具有很强的可变性。

1.3.2　国内工业化住宅的发展历程

我国工业化住宅起步于 20 世纪 50 年代，经过几十年的发展，概括来说，可分为三个阶段：

1. 20 世纪 50～80 年代，大量建设阶段

20 世纪 50 年代，我国引进了苏联住宅工业化的相关思想，完成了第一个五年计划，建立了工业化的初步基础，开始了大规模的基本建设，建筑工业快速发展。并确立了设计标准化、构件生产工厂化、施工机械化（当时称之为"三化"）的住宅工业化方针。出现了用大型砌块装配式大板、大模板现浇等住宅建造形式，但由于当时产品单调、造价偏高

---

① 　K 指的是日本的"都市再生机构"，KSI 住宅就是都市再生机构自己开发的一种 SI 住宅。

和一些关键技术问题未解决，住宅工业化综合效益不高[11]。发展到 20 世纪 80 年代，国外现浇混凝土技术引入我国，住宅工业化的另一路径（即现浇混凝土的机械化）出现，并分别孕育了内浇外砌、内浇外挂、大模板全现浇等不同体系，逐渐取代了之前的砖混体系、砌块体系、大板体系等。

2. 20 世纪 90 年代，缓慢停滞期

伴随着现浇混凝土体系的引入，大量农民工进城，现浇建造方式成本优势显现。另一方面由于工业化住宅技术发展慢，住宅的质量差，防水、冷桥、隔声等一系列技术质量问题逐渐暴露，同时改革开放带来的商品住宅个性化要求不断提高，引发全社会对工业化的质疑。

3. 进入 21 世纪，科学发展期

随着预拌混凝土工业化发展，现浇结构住宅得到了大规模发展。但现浇技术的缺点也开始日益彰显：手工作业量大、建设效率低、工人劳动强度大、养护耗时长、施工现场污染严重、施工误差大、建筑产品质量不稳定等问题暴露建筑行业的劣势。在现场手工建造带来的环境污染和资源浪费日趋严重的同时，另一方面从事体力劳动的人力资源紧张，建筑业出现了人工短缺现象。为了解决以上问题，满足建筑环保和建筑业转型升级的可持续发展要求，实现科学、可持续的住宅工业化是必经之路。

国家和部委相继出台多项意见和政策（表 1.3-1）明确要推进绿色发展，装配式建筑是建筑领域践行绿色发展理念的重要着力点，也是实现住宅工业化的重要手段。钢结构和木结构一般都是在工厂生产，现场装配施工，本身就比较接近装配式建筑；而混凝土结构由于既可以现场浇筑，也可以工厂预制后装配化施工，既可以使用普通钢筋，也可以采用预应力钢筋，从低层到超高层、从小开间到大跨度，应用方法比较灵活，具有耐久性好、造价便宜的特点，在我国被广泛应用于各类工业与民用建筑，目前已经是国内主要的建筑结构形式。

因此，混凝土建筑的工业化是主要任务，传统现浇施工为主的混凝土结构建筑在进行工业化转型过程中，既要对现浇施工的手段进行工业化改造，也要对装配式混凝土建筑发展进行研究，只有充分了解现浇混凝土建筑的核心特性，才能开发出更好的预制装配式建筑，我国的住宅工业化水平才能取得进步。

2016 年 2 月 6 日，《中共中央国务院关于进一步加强城市规划建设管理工作的若干意见》从提升城市建筑水平角度提出，力争用 10 年左右时间，使装配式建筑占新建建筑的比例达到 30％。2016 年 9 月 27 日，国务院办公厅发布的《关于大力发展装配式建筑的指导意见》更进一步指出：发展装配式建筑是建造方式的重大变革，是推进供给侧结构性改革和新型城镇化发展的重要举措，有利于节约资源能源、减少施工污染、提升劳动生产效率和质量安全水平，有利于促进建筑业与信息化、工业化深度融合，有利于培育新产业新动能，有利于推动化解过剩产能。

21世纪以来国家和部委出台的建筑工业化相关政策　　　　表1.3-1

时间	机构	政策	意义
2006年6月	建设部	《国家住宅产业化基地试行办法》	确定"具备一定开发规模和技术集成能力的大型住宅开发建设企业为龙头，与住宅部品生产企业、科研单位等组成的产业联盟可以申报国家住宅产业化基地"
2006年6月	住房和城乡建设部	《绿色建筑评价标准》GB/T 50378—2006	综合考虑建筑节地、节能、节水等方面的性能，确立绿色建筑评定标准
2012年4月	财政部 住房和城乡建设部	《关于加快推动我国绿色建筑发展的实施意见》	满足相关标准要求二星级及以上的绿色建筑给予奖励。2012年奖励标准为：二星级绿色建筑45元/m²（建筑面积，下同），三星级绿色建筑80元/m²。标准根据技术进步、成本变化等情况进行调整
2013年1月	发改委 住房和城乡建设部	《绿色建筑行动方案》	要求城镇新建建筑严格落实强制性节能标准，"十二五"期间，完成新建绿色建筑10亿m²；到2015年年末，20%的城镇新建建筑达到绿色建筑标准要求
2013年8月	住房和城乡建设部	《绿色工业建筑评价标准》	国内工业领域第一本综合性绿色建筑评价标准
2014年5月	国务院	《2014～2015年节能减排低碳发展行动方案》	明确提出：以住宅为重，以建筑工业化为核心，加大对建筑部品生产的扶持力度，推进建筑产业现代化
2015年2月	住房和城乡建设部	《绿色工业建筑评价技术细则》	明确绿色工业建筑评价技术原则和评判依据，规范绿色工业建筑的评价工作
2015年5月	住房和城乡建设部	《建筑产业现代化国家建筑标准设计体系》	按照主体、内装、外装三部分进行构建，内含总计129条标准
2016年2月	国务院	《中共中央国务院关于进一步加强城市规划建设管理工作的若干意见》	制定装配式建筑设计、施工和验收规范。完善部品部件标准，实现建筑部品部件工厂化生产
2016年9月	国务院办公厅	《关于大力发展装配式建筑的指导意见》（国办发〔2016〕71号）	推动建造方式创新，大力发展装配式混凝土建筑和钢结构建筑，坚持标准化设计、工厂化生产、装配化施工、一体化装修、信息化管理、智能化应用，提高技术水平和工程质量，促进建筑产业转型升级
2017年3月	国务院办公厅	《国务院办公厅关于促进建筑业持续健康发展的意见》国办发〔2017〕19号	推动建造方式创新促进建筑产业转型升级
2017年3月	住房和城乡建设部	《十三五装配式建筑行动方案》	明确2020年全国装配式建筑占新建比例达15%以上，其中重点推进地区20%以上
2017年11月	住房和城乡建设部	《关于认定第一批装配式建筑示范城市和产业基地的函》	确认全国30个示范城市，195个产业基地
2017年12月	住房和城乡建设部	《装配式建筑评价标准》	自2018年2月1日起实施
2018年12月	住房和城乡建设部	发布"10项推动城市高质量发展系列标准"	包括《绿色建筑评价标准》、《装配式混凝土建筑技术标准》、《装配式钢结构建筑技术标准》、《装配式木结构建筑技术标准》
2019年11月	住房和城乡建设部	《装配式混凝土建筑技术体系发展指南（居住建筑）》	深入指导装配式混凝土居住建筑技术体系发展，进一步推动装配式建筑产业化

由以上相关政策可以看到，在国家和部委的大力推动下，住宅工业化的发展已经成为必然要求，装配式建筑的发展高潮即将到来。

1.4　可变空间的发展历程及其理论实践分析

住宅工业化是时代发展的必然结果，然而，在满足了居住的基本需求之后，工业化住宅标准化、规格化的特点开始暴露出它的不足，开始越来越难以满足人们在物质和精神层面日益丰富的多样化和个性化追求。

目前，对工业化住宅的研究和探索集中在生产、建造层面，设计层面上没有深层次的思考人们对居住空间的内在需求，也缺少对工业及其逻辑的深层次思考，缺少系统的解决方案，只关注建筑的标准化、规格化，脱离生产建造，很难达到未来高品质高质量的住宅要求，由于在空间的设计上缺乏对不同住户差异化的考量，缺乏对住户家庭生命周期变化的适应性，缺乏套型改造更新的灵活性，所以使用者在入住之前难以参与到居住空间的设计中来，入住时不得不牺牲自己的个性化需求，入住之后又难以改造居住空间以适应变化的家庭空间需要，直到需求实在无法满足的时候只能考虑搬离。这样的工业化住宅作为"居住的机器"被批量生产，制约了住户居住水平的提高和生活条件的改善，居住空间无法随时代的发展和住户需求的改变而改变，使居住空间功能的长效性丧失。因此在发展住宅工业化的过程中，要关注满足居住多样化、个性化的可变空间设计。

1.4.1　国外住宅可变空间的发展历程

西方建筑师对空间可变性的追求从未停止过，并且在不同时期都有过实践与探索，技术和物质条件的进步，使得现代建筑迅速发展，为空间可变性的发展打下了坚实的基础。空间可变性被广泛地用于住宅、公共建筑、工业建筑等各类建筑，借助先进的技术手段，空间的灵活性进一步提升。

"某种生物越专门化，它在条件发生变化的情况下得以继续生存的机会就越少。这就是说对现存的条件适应太好，同时也就是对现存的条件可能发生的变化不够适应。"[12]这一原理同样适用于现代建筑。

日本建筑师丹下健三等人提出的城市和建筑的"新陈代谢论"就与此原理同出一辙。按建筑的"新陈代谢"观点，建筑及其空间好比某种"生物"，建筑的物质功能、使用需求及技术设施等好比"生物"的"现存条件"。如果某种建筑空间仅适合今天的功能技术条件，不能随着这种条件的变化而变化，那么这样的空间则终究会变成衰朽的、没落的、缺乏生命力的"死空间"；反之，则是生长的、向上的、富有生命力的"活空间"。

各种观点及理论为空间可变理论的形成奠定了基础，与此同时市场的客观需求以及新技术的发展带来大空间的可能，空间可变住宅便应运而生。空间可变住宅至今在西方仍然是多元化发展住宅类型的重要组成部分，它的发展可分为三个阶段。

第一阶段：20世纪初期，即现代建筑运动时期。那时，工业化住宅刚刚起步，建筑师们都热衷于尝试新技术、新材料，给建筑带来各种创新的可能性，包括住宅空间的可变性。一些现代建筑大师都曾在自己的作品中尝试过可变性。

柯布西耶与多米诺体系：1915年柯布西耶创作了多米诺体系住宅模型（图1.4-1），第一次将结构体和非结构体分开，结构体由设计师设计，施工人员施工，非结构体完全由使用者根据需求来完成，混凝土结构采用T字形梁，无外框，由水平楼板和内向后退的柱子构成[13]，随着此技术应用与发展，以多米诺体系为雏形，雪铁龙型住宅诞生，其最为辉煌的成就则是孕育出了萨伏伊别墅——灵活自由的空间和宜人的尺度，本质来源于理性、科学的多米诺体系。马赛公寓是柯布西耶关于住宅支撑体和可分体的实践，把住宅支撑体当作固定部分，每一户可以在确定的空间进行独立分隔设计，具有良好的可变性（图1.4-2）。

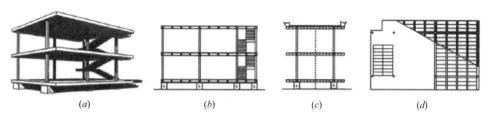

图1.4-1　多米诺住宅体系（图片来源：《勒·柯布西耶的住宅空间构成》）

里特维德与施罗德住宅：里特维德1924年设计的施罗德住宅，二楼用可移动的墙板将住宅分隔成不同的空间，来配合各种居住需求[14]。白天可把推拉门与多余墙板收在中空墙里形成开敞的起居室等大空间，夜间分隔成互不干扰的卧室等小空间（图1.4-3）。里特维德主张各个空间在功能上的可变性，拒绝在住宅空间内进行硬性划分。

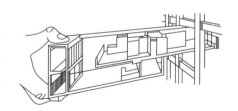

图1.4-2　住宅与框架分离示意图
（图片来源：《长效住宅-现代建筑新思维》）

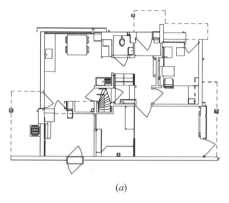
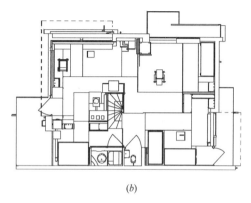

(a)　　　　　　　　　　　　　　　　　(b)

图1.4-3　施罗德住宅平面图（图片来源：《住宅巡礼》）
（a）首层平面图；（b）二层平面图

密斯凡德罗与流通空间：1927 年在斯图加特魏森霍夫住宅展览会上，密斯的作品是最早出现具有可变思想的现代公寓。户内活动隔墙使住宅在两个基本单元的基础上衍生出 12 套不同的灵活布局套型平面。外观简洁，却包容了多种可能性，使空间产生"强制流动"的感觉[14]。密斯的空间可变思想对于现代住宅空间可变性的设计产生极其重大的影响。

第二阶段：20 世纪 60 年代，荷兰的著名建筑师约翰·哈布瑞根教授提出了一个住宅建设新概念，称之为"骨架支撑体"理论，1961 年出版了一本书——《骨架—大量性住宅的选择》。之后不久，荷兰几位建筑师筹集资金，开办了一个建筑师研究会（STICHTING ARCHITECTER RESEARCH）简称 SAR，专门从事"支撑体"设想的研究。1965 年哈布瑞根教授在荷兰建筑师协会上首次提出了将住宅设计和建造分为两部分——支撑体和可分体的设想。此后，这个研究会对此提出了一整套理论和方法，称之为 SAR 理论。

随着 SAR 体系进一步完善的同时，相继出现了"德国新家乡""日本百年住宅"等著名体系；20 世纪 60 年代以后，随着房荒问题的逐步解决、工业发展的进步，西方国家的住宅建筑逐渐从量的阶段走向质的阶段，人们开始重新考虑住宅与人的关系问题，研究使用者的需求与用户参与一时成了热门话题，对住宅空间可变性的探索与实践也自然而然增加，反映这种思想的空间可变住宅理论与实践在这期间也得到了迅速发展。20 世纪 70 年代在东方、西方国家均成为空间可变住宅的研究与实践最活跃的时期。

国外住宅空间可变性主要观点及理论　　　　　　　　　　表 1.4-1

观点及理论	时间	地区	代表	观点及理论特点
SAR 理论	20 世纪 60 年代	荷兰	哈布瑞肯	提出将住宅设计和建造分为两部分——支撑体和可分体，其建设思想是改变现行的住宅建设程序，使居住者对他们的居住环境有决定权，主张让居住者参加住宅的建设过程，并有自己作出选择和决定的权力；注重使用者的参与性
新陈代谢论	20 世纪 60 年代	日本	丹下健三等	设计或技巧无非是人的生命力的延伸，我们不是自然地承受新陈代谢，而是积极地去促进。建筑及其空间好比某种"生物"，建筑的物质功能、使用需求及技术设施等好比"生物"的"现存条件"。如果某种建筑空间仅适合今天的功能技术条件，不能随着这种条件的变化而变化，那么这样的空间则终究会变成衰朽的、没落的、缺乏生命力的"死空间"
德国新家乡	20 世纪 70 年代	德国	—	一种大开间横向墙体承重的结构方式，它以大开间两边的横向墙作为承重墙，也作为住户之间的分户墙；前后两边采用非承重的、具有良好保温、隔热、防水性能的水泥石棉复合板等材料；在大空间内可按住户的不同使用要求，用石膏板等轻质隔断灵活布置房间；平面设计较灵活
SI 住宅理论	20 世纪 70 年代	日本	—	吸收 SAR 住宅理论并创新发展，首先提出 SI 住宅的概念——S（Skeleten）即骨架体支撑体；I（Infill）即填充体（内装体）。所谓 SI 是指由骨架体和填充体完全分离的一种施工方法建造的住宅；具有较好操作性、长期耐久性和易变更性

观点及理论	时间	地区	代表	观点及理论特点
CHS	20世纪80年代	日本	—	住宅应部品化、工业生产、长寿命和良好的适应性，促进住宅产业化生产
KSI住宅	20世纪90年代	日本	都市再生	将住宅产业划分成两个层面，建筑产业和部品产业；从建造技术和设备体系等层面体现了住宅设计的人性化与合理性
通用理论	20世纪80年代	美国	Ronald L Mace	通过社会调查汇总不同个体的住宅空间需求，转化为建筑设计语言进行住宅空间的全面设计，考虑不同需求的重要程度，形成动态变化的需求；强调大多数情况下住宅空间的普遍适应性

第三阶段：20世纪90年代，空间可变住宅仍是热门话题。空间可变住宅已成为设计者和投资决策机构、建筑公司、企业、社会住房管理者的共同需要，各方合作共同提倡空间可变住宅。这次对可变住宅的重新重视，注重技术为出发点，建筑构件的生产作为研究重点，并大量应用计算机技术。人们意识到，空间可变住宅必须通过标准化、系列化、小尺度的建筑构件的灵活组合来实现。此观点也得到工业界和建筑界的认同。

通过几十年的理论与实践，至今发达国家住宅基本都以大空间、工业化方式实现可变空间。从国外空间可变的研究中也不难发现，灵活大空间住宅是住宅发展过程中的一个必然产物，它使得住宅由不变转为可变，由静态转为动态，能更好地适应社会发展和居住者对空间变化的需求。

1.4.2 国内住宅可变空间的发展历程

在国内，建筑空间可变的出现不是近、现代的事，可追溯到古代。古代传统木结构住宅空间可变性，是以梁柱为代表的木结构框架体系，建筑内部结构与外部造型的逻辑关系统一，具有抗震性强，且可预制加工、现场装配、营造周期短，较其他国外的石材建筑跨度大，使得平面布置更加灵活，提供了更大的空间，优势明显。然而，把空间可变作为一个明确的概念并上升到理论的高度提出来，被建筑行业大量付诸实践，是近几十年来的事情，尤其住宅建筑更是如此。现阶段作为政府持有的社会公共住房资源——保障性住房[①]，属于社会的良性资产，将工业化设计原理和方法，运用于政府保障性住房的产业化建设，无论对于保障性住房建设，还是对于我国住宅产业的现代化转型，都提出了解决问题的整体思路和系统方法，也为住宅可变空间体系提供了一种重要的方法，运用工业化手段实现空间可变已经成为方向性目标。

空间可变住宅在国内的产生与发展大体分为五阶段：

1. 20世纪60年代末以前

1956年彭一刚、屈浩然设计的外廊式小面积住宅，是可考证的具有可变设计思想的

---

① 由公共租赁住房、经济适用住房、政策性租赁住房和定向安置房构成。

最早实践，它通过拆除厨房隔断墙，或拆除一个厕所和增加储藏室等方式，在使用过程中调整和控制所需居住空间面积，这个方案几乎没有什么新材料或新技术的运用，巧妙地利用可调整的小空间获得空间可变性（图1.4-4）。

图1.4-4　外廊式小面积住宅和改变方法（图片来源：《空间可变住宅设计研究》）

2. 20世纪70年代

20世纪70年代国外各种住宅理论层出不穷，而国内才刚开始走上住宅工业化的道路，工业化住宅在1974年开始普遍推行，建筑技术、结构技术成为社会普遍关注的热点，在此社会背景下，20世纪70年代末至90年代初，很多城市开始对空间可变住宅进行研究与探索。1977年四川建成了第一幢大开间住宅，但其目的是为了对结构体系进行研究和验证。

3. 20世纪80年代初至90年代初（表1.4-2）

随着国外空间可变理论与实践的发展，对国内相关理论也产生了深远的影响，如清华大学的张守仪教授于1981年最先将国外空间可变理论介绍到了国内，随即展开了一系列的本土实践活动。之后周士愕先生在《建筑学报》1982年第10期发表了《在砖混体系住宅中应用方法的探讨》，把这一理论和设计方法进一步应用到我国住宅建设实践中。1984东南大学鲍家声教授设计的无锡支撑体住宅是该理论在国内的首次实践，从此这方面的研究和实践一直未停止；1984年以后，各地建成了一批大空间的商住楼，以提高使用中的灵活性。1985年鲍家声教授系统地介绍了SAR理论和设计方法，1988年其专著《支撑体住宅》问世[15]。20世纪80年代是住宅空间可变性颇受关注的时期，《建筑学报》1985年的一年中就发表了三篇有关SAR理论体系住宅的文章，与此同时大开间灵活分隔住宅体系也在各种建筑学术刊物上大量刊出。1980年2期的《世界建筑》介绍了"联邦德国新家乡体系"。1983年《建筑学报》4期在《工业化住宅标准多样化的探讨》一文中，对住宅内部空间的可变性和灵活性分类，进行了系统的归纳与探讨，文章包括了当时各国的可适应性住宅体系[16]，如适应家庭周期的日本 KEP 住宅体系①和百年住宅体系等。

在这个阶段理论研究著作众多，如 1998 年贾倍思和王微琼的《居住空间适应性设计》和《长效住宅》，清华大学周燕珉教授的《住宅精细化设计》《商品住宅厨卫设计》《中小套型住宅设计》中[17]，均有对适应性住宅的相关研究论述，对空间灵活改变的设计更加人性化，也更加贴近实际生活。

20 世纪 80 年代初至 90 年代初国内住宅空间可变性研究主要理论及实践　　表 1.4-2

年代	代表人物	作品	观点及理论特点
1956	彭一刚、屈浩然	外廊式小面积住宅	通过拆除厨房隔断墙，或拆除一个厕所和增加储藏室等方式在使用过程中调整住宅面积；具有可变设计思想的最早实践
1981	张守仪	论文	首次把 SAR 理论引进到国内；开始了解 SAR 理论
1982	周士愕	在砖混体系住宅内应用 SAR 理论	把这一理论和设计方法进一步应用到我国住宅建设的实践中；使这一理论在国内更加广泛传播
1984	吴国力	潜伏设计住宅	主要是依靠隔板预埋件、留孔、留洞三种方法获得空间可变性；获得空间可变性向前进了一步
1984～1988	鲍家声	无锡支撑体住宅、《支撑体住宅》	系统地介绍了 SAR 理论及其在中国的实践；标准化设计的单位支撑体采取墙体承重，用工业化的建造方式，也可以采用传统施工方式；但并没有把设备管线从结构体中分离出来；首个实践工程
1992～1994	—	北京翠微路适应性住宅试验房	采用了 SAR 的理论和设计方法，以建造灵活性、多样性和可改造的住宅为目标；实现了结构体与设备管线分离设计，不破坏主体结构
1998	贾倍思	《长效住宅》	均有对适应性住宅的相关研究论述；促进理论的发展
2007	周燕珉	《住宅精细化设计》	从住宅发展、住宅设计、住宅点评、保障性住房、老年住宅、住宅环境等方面、从相应不同客群的需求出发，精细化建筑及室内设计

与 20 世纪 70 年代仅追求建筑技术相比，这个阶段开始考虑空间的使用效果，考虑如何满足使用者的需要。吴国力研究的潜伏设计住宅（图 1.4-5），主要是依靠隔板预埋件、留孔、留洞三种方法获得空间可变性，虽然其分户墙仍不能随心所欲地变换，但通过此方法获得的可变性已使住宅向可变性方向前进了一大步。

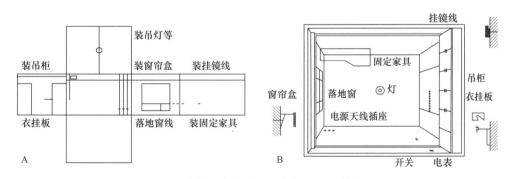

图 1.4-5　潜伏设计住宅（图片来源：《长效住宅》）

---

① KEP（Kodan Experimental Housing Project）国家统筹试验性住宅计划（1973～1981）。

4. 20 世纪 90 年代至 21 世纪

20 世纪 90 年代以后，住宅建设迅猛发展，随着人们对居住空间要求的提高，空间可变住宅已成为一个热点话题。在历次的住宅设计竞赛中，可变性、灵活性一直是重要的主题。例如：在 1991 年的"中国'八五'新住宅设计竞赛"中，82 个获奖方案中的 48 个考虑了灵活空间的应用。

20 世纪中国建筑活动正处于发展的兴盛时期，建筑类型、建筑功能的发展变化不仅对建筑设计提出了新的要求，而且也推动了新型结构技术在中国的实践应用，钢筋混凝土框架结构、高层钢结构、大跨度建筑结构等新兴结构技术被引入中国并逐渐推广使用，在经历了传统木结构——砖（石）木混合结构——砖（石）混凝土混合结构的渐次发展后，中国建筑在结构技术方面又开始了新的发展阶段。随着结构形式、建筑材料等方面新技术的出现，为空间可变住宅设计更多的探索与发展提供了有利条件，不同地区开始结合本地实际情况，探索适合本地区的可变性空间住宅形式。

5. 21 世纪以后（表 1.4-3）

目前国内可变户型的实践成为热点，但户型在空间的变化上，工业化程度低，仍然有不少依靠土建工程措施，主要体现在隔墙的阶段性拆除与重新分割，对照国外智能化可变家居的发展阶段，五金配件的成本与施工精度，仍是可变户型进一步发展的瓶颈。

虽然国内空间可变理论发展较国外稍晚，但后期空间可变的实践十分活跃，灵活大空间的重要性与趋势性日趋显现，大空间可变住宅已经成为未来住宅的发展方向。

21 世纪以后国内住宅空间可变性研究的主要理论和实践总结　　　　表 1.4-3

年代	代表企业	作品	特点	备注
2012	中国房地产业协会	百年住宅	大空间的结构体系；"SI"管线分离体系；"可体检"住宅；户内六大功能系统	以建设产业化的生产方式建设，建筑长寿化，品质优良化，绿色低碳化的新型可持续住宅
2015	万科	万科无限系	通过对建筑结构体系创新，整个户型以一根结构柱作为建筑核心，且有无处不在的收纳空间	—
2015	绿地集团	百变住宅	无剪力框架结构，将局部剪力墙外置，减少室内梁柱的设置，增加了套内空间，以一站式、多元化、个性化的全新建筑模式	—
2015	旭辉集团	CSC 一号实验宅	会学习、能决策、可生长的房子，让房子会思考，更懂用户，从而减轻居住的负担，让生活更加舒适与轻松	AI 首次被真正引入到房地产当中

实现灵活可变住宅离不开住宅工业化，用工业产品的设计和制造方法，进行房屋建筑的生产，把住宅设计成具有一定批量的标化部件或集成化的部品，再用标准部件或者部品组装成房屋产品，提高部品部件质量的同时实现住宅灵活可变。

通过对国外、国内空间可变的发展历程及相关理论实践进行了详细的研究，可以看出大空间灵活可变将是未来住宅发展趋势。

重新定义建筑

在我国区域发展不平衡，城市居住用地紧张的背景下，高耸的集合住宅，利用纵向空间，在高度上叠加住户，节约了城市用地，成为适合我国国情，最节约土地，综合利用资源效率最高、最普遍的居住形式。同时，钢筋混凝土结构为我国住宅的主要结构形式，因此，我们把居住空间研究的主要目标确定为钢筋混凝土集合住宅。

然而在目前集合住宅的居住环境市场中，开发企业为了追求资金高周转，降低财务成本和建造成本，往往为了追求高周转牺牲质量，缺乏对住宅居住空间本身的关注。在传统住宅设计中设计师并没有机会与用户深入沟通，只能将自己和开发商对居住的想法强加给用户，于是用户只能在有限的套型产品中被迫做出选择，这必然导致了用户自身的想法和需求得不到实现。

一方面人们需要一种可以真正自由灵活可变的居住空间和住宅产品满足市场需求；另一方面建筑行业正面临着劳动力等资源要素成本上升、环保压力等诸多难点，必须研究大力发展住宅建筑集约化、标准化、工业化的工厂生产方式，解决以往住宅建造过程中的问题，提高住宅质量，降低生产成本，提高住宅建设速度，满足当前人们对住宅品质的需要。从国外经验来看，随着经济发展住宅也将走向工业化，建筑业的未来是通过工业化的转型升级提供更优质的产品，而新技术、新工艺的推广应用，为建筑业转型升级带来生产方式改变、业态创新、技术变革等多方面的机遇和空间。

汽车行业特斯拉的出现非常值得研究和思考。除了百公里加速 3.2s、超级充电桩等一系列颠覆性技术，特斯拉为用户提供的"空中升级"服务真正颠覆了传统的汽车技术，通过更新升级软件，完成新功能的添加以及整车性能的提升。这种独特的机电一体化技术，将机械语言和 IT 语言融合，为汽车装上了数字化的大脑，有了自行思考和判断的能力，这使得特斯拉不仅重新定义了汽车，还重新定义了人车关系，智能汽车将从人类的工具变成伙伴。同时，由于特斯拉汽车本质就是一台可以移动的计算机，结合大数据、云计算，特斯拉还重新定义了未来的交通。除了技术上，特斯拉通过体验店＋网络直销的商业模式颠覆传统汽车行业。

设计是新技术与人们生活的连接体，新技术通过设计走进人们的生活。与传统汽车厂商为了提升汽车的智能化程度，加装微型电脑和联网设备不同，特斯拉打破原有的思维，在设计之初就考虑人车交互以及车联网的需求，车上的每一个部件和控制单元都是为了实现智能化操控而产生的。作为行业规模占 GDP 三分之一的建筑行业需要一个"特斯拉"，能够从设计之初考虑住户根本需求的建筑全屋产品和系统解决方案，从建造模式、居住模式到商业模式重新定义了建筑。

通过分析人们对建筑真正的居住需求，研究住宅发展的历程，用工业系统的模块化设计思维思考住宅的可变性，尝试设计一种能够真正满足人们居住需求的工业化住宅全屋产品——空间灵动家®SPCH①，用极简的结构体系承载功能的无限可能性与拓展性。

"空间灵动家"即是"大空间""灵""动"的工业化建筑概念产品。

2.1 "大空间""灵""动"

"大空间"（图 2.1-1）：

空间灵动家的核心是强调主体结构的极简②，形式表现为完全取消户内的承重墙体和结构柱，所有竖向承重结构沿外围布置，主要朝向最大限度开敞通透，户内大空间无梁③无柱，为满足客户定制的可变空间需求提供基础条件，可采用大跨度预制预应力楼板实现大空间，现场免模板浇筑叠合层，以保证结构整体性与刚度；结构墙体可根据具体项目情况选择现场浇筑或选用 SPCS 装配式混凝土结构。大开间的住宅，开发企业或建筑师负责建筑"外壳"的技术设计与实现，保证建筑主体的安全性及各种物理性能，也就是保证人们对建筑最基本的安全需求，把人们对空间尺度的复杂需求和对建筑内部的使用功能、精神追求等更高层次的追求以一种用户参与、灵活多变的方式实现。

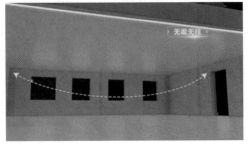

图 2.1-1　空间灵动家大空间

---

① SPCH：Sany Precast Construction Home/House。
② 专利号：2018216464067。
③ SPCH 根据具体户型，在不影响户内大空间使用的前提下，局部可设梁。

"灵"是建筑智能化（图 2.1-2）：

契合时代、面向未来的智能化建筑将成为今后最大的智能终端之一，是日常数据与信息最大的采集者与提供者。智能家居的飞速发展正在改变人们的生活模式，当建筑的部品部件和内装家具与人工智能结合，建筑将比我们更了解自己，能通过记忆学习人们的行为，智慧地满足人们居住、办公、娱乐、社交等的所有需求。利用工业化的智能制造技术及平台优势，按照空间灵动家概念产品的发展代系，逐步研发设计模块化、智能化集成墙体系统，提高内填充部品及内隔墙体的工业化、智能化程度。通过空间灵动家集成住宅工业化的最新科技成果与产品，最大程度用工业化的生产方式实现更高的房屋质量。

图 2.1-2　空间灵动家智能化

"动"（图 2.1-3）：

空间灵动家通过可以"活动"的隔墙系统[1]、菜单化的灵动户型设计及完备的技术体系、工厂定制的部品部件，给用户带来功能布局、材料品质、生活模式、消费方式的全面选择权。组合拼装的隔墙系统以及可变家具的应用可以实现房间数量、大小、功能的变化，自由划分空间，并集成给水排水系统及设备、空调系统及设备、新风系统及设备、采暖系统及设备、智能化家电及控制系统等机电管线技术[2]。空间灵动家根据居住者需求灵活配置相应的材料做法、先进技术及优良部品，是产业链上各企业技术产品的集成，也为企业的技术产品升级提供了开放的接口，随着空间灵动家产品的迭代升级，带动企业的技术研发与升级。

图 2.1-3　空间灵动家灵活可变

---

[1]　专利号：201821646778X。

[2]　具体菜单配置详本书第 3 章技术集成及解决方案。

空间灵动家与普通住宅相比，在设计、生产、施工及使用上均有明显优势，具体对比见表 2.1-1。

空间灵动家的模式与普通住宅模式对比表   表 2.1-1

	普通住宅	SPCH 住宅
设计	客户被动接受成品化设计，无法满足个性化需求	设计考虑个性化需求，提供多样性套餐选择，客户参与定制
生产	手工作业，工厂生产，比例很低	大量工厂自动化生产
施工	费工费材费资源，对环境影响大，施工现场作业时间长	省工省材省资源，对环境友好，从减少工程现场作业量及改进施工方式两方面缩短建设周期
使用	无法按照家庭人口结构变化满足居住者使用功能需求	（1）满足不同家庭的个性化需求； （2）满足同一家庭全生命周期内的需求变化； （3）可拼装模块化隔墙的开发让住户像组装家具一样组装隔墙，实现空间布局的灵活变化； （4）方便自由的更新内装设备，升级体验

空间灵动家首先分析居室空间的影响因素、通过家庭生命周期不同阶段的需求研究，借鉴模块化的设计思路进行可变性研究与设计。

2.2 可变空间尺度影响因素

空间灵动家的可变空间是在不同模式、不同阶段下同一空间的复合使用。可变空间的尺度研究首先要对居室活动进行分析与定义，分析清楚人们在居室中会有哪些行为与活动，进一步研究这些居室活动需要什么样的基本环境条件，进而根据人体工程学定义出人们在不同行为活动下需要的空间尺度，通过这些动作尺寸绘制出不同功能空间的尺寸模板图。因此，需要研究分析可变空间尺度的两个主要影响因素：居室活动的特点及场所要求、人体工程学与尺寸模板图。

2.2.1 居室活动特点及场所要求

人类文明发展至今，生活在城镇中的人，需要一个什么样的居住环境？这样一个居住环境又需要具备哪些条件才能满足人们当前与未来的生活？这是住宅建筑研究的基本问题。居住建筑是人们居住的场所，也是人们开展居住活动的空间。探寻居住建筑的空间尺度首先研究与分析人们在居住空间内的各项活动。

伴随着居住观念的转变和新技术的发展，人们对居室空间环境条件的要求也越来越精细，越来越多样：拥有专属空间的愿望、私密性的要求、交流与共享的需要等。如何在集合住宅中满足人们的这些需求？目前住宅产品只是把居住空间按不同的活动，分离成相对独立的空间区域，通过不断增多房间数量，不断加大房间面积，来满足这种大而多的普遍追求,随之带来的是越来越多的经济投入和资源消耗。

居住活动作为人们日常生活的主要组成部分,具有日常生活的典型特征:①人们生活的大部分内容具有普遍性、相似性,可以被统一表述和总结。②就每个个体而言,在一个特定的居住场所内,居住行为有一定的重复性[18];因此,居室活动的主要内容往往是一种常态的活动,可变空间的"变"是在总结完这些常态活动所需的条件后,在空间上寻找出可以相互组合的方式。因此研究人们在居室中的普遍居住行为是"变化"的基础,具有重要的意义。

建筑是综合学科,居室环境涉及的技术需要多个专业协作完成,而非仅仅是各个专业的技术叠加,技术的集成是个复杂的系统工作。技术集成的基础是构建一个框架,能够系统地接口各个不同的专业领域。由于构成环境条件的物质技术因素是多方面的,因此可以先通过系统的梳理居住者的居室活动与场所条件的关系(表2.2-1),完成活动与场所的对应,再根据不同的功能区域,配置不同的家具及机电设备(表2.2-2)。最后对人机工学尺寸、空间品质、比例尺度、样式肌理、系统选型、材料选择、部品尺寸、设备规格、安装工艺、公差配合、价值分析、维护运营等一系列问题,给出具体的解决方案。尤为重要的是所有这些问题都不是孤立的,是关联交织的问题系统。

居住各功能区域的环境要求举例 表2.2-1

功能区域 \ 要求	面积要求	净高要求	采光要求	通风要求	温度要求	私密性要求	隔声要求
门厅	过道净宽≥1.2m	≥2.4m,局部≥2.1m	—	—	14~18℃	—	—
玄关	过道净宽≥1.2m	≥2.4m,局部≥2.1m	—	—	—	—	—
起居室	最小使用面积≥10m²	≥2.4m,局部≥2.1m	自然采光	自然通风	18~22℃	有	有
书房	—	≥2.4m,局部≥2.1m	自然采光	自然通风	18~22℃	有	有
双人卧室	最小使用面积≥9m²	≥2.4m,局部≥2.1m	自然采光	自然通风	18~22℃	有	有
单人卧室	最小使用面积≥5m²	≥2.4m,局部≥2.1m	自然采光	自然通风	18~22℃	有	有
餐厅	—	≥2.4m,局部≥2.1m	—	—	18~22℃	—	—
厨房	单一居室独立厨房最小面积≥4m²;零居室厨房最小面积≥3.5m²	≥2.2m	自然采光	自然通风	≥15℃	—	有
卫生间	含马桶、洗手池、淋浴三件套最小面积≥2.5m²	≥2.2m	—	—	18~26℃	有	有
洗衣间	—	≥2.4m,局部≥2.1m	—	—	—	—	有
通道	入口过道最小净宽≥1.2m;通往厨房、卫生间、储藏室过道≥0.9m;其余≥1.0m	—	—	—	14~18℃	—	—

续表

要求 功能区域	面积要求	净高要求	采光要求	通风要求	温度要求	私密性要求	隔声要求
阳台	—	≥2.4m，局部≥2.1m	自然采光	自然通风	≥15℃（封闭式）	—	—
储藏室	—	—	—	—	18～22℃	—	—
设备平台	—	≥2.4m，局部≥2.1m	—	—	—	—	有

居住各功能区域的典型设备配置　　　　　　　　表 2.2-2

设备 功能区域	电		水			设备	家具
	强电	弱电与智能化	冷水	热水	排水		
门厅	插座×1	智能门锁与识别	—	—	—		
玄关	配电箱	智能家居与弱电系统主机、可视对讲	—	—	—		鞋柜、衣柜
起居室	插座×3	千兆网络与高清电视信号	—	—	—	家庭影院智能家居	沙发、茶几、电视柜、储物架
书房	插座×2	千兆网络	—	—	—	SOHO办公设备	书桌、书柜
双人卧室	插座×2	千兆网络与高清电视信号	—	—	—	空调、电视机	床、衣柜、床头柜、书桌
单人卧室	插座×2/3	千兆网络与高清电视信号	—	—	—	空调、电脑、插线板	书桌、书架
餐厅	插座×1	—	—	—	—	空调	餐桌、储物柜
厨房	厨电用插座、移动插座	燃气报警水浸报警	有	有	有	智能厨电、抽烟机、炉灶、净水器、热水器（电/燃气）	橱柜、吊柜、置物架
卫生间	卫浴插座防触电等电位	—	有	有	有	热水器、排风、淋浴器、坐便、手盆、地漏	洗面柜、置物架
洗衣间	插座	水浸报警	有	有	有	洗衣机、地漏	洗刷台、储物柜
通道	—	—	—	—	—	—	—
阳台	自动遮阳	门窗入侵报警	有	—	有	（洗衣机）、地漏	储物柜、吊柜
储藏室	—	—	—	—	—	—	储物柜、储物架
设备平台	—	—	—	—	—	空调室外机	—

2.2.2　人体工程学与尺寸模板图

在对居室活动进行分类研究后，需进一步分析人们在居室内活动所需要的空间尺寸。居室的空间尺寸包含两部分内容：一种是人完成特定行为所需要的动作空间范围，另一种是必要的部品、设备等填充物体所占用的实体及工作空间范围。

动作域是设计空间大小的基本参数：居住活动是由不同性质的行为活动构成的，不同性质的行为活动又可以分解为一组连贯的动作片段。通过对这些动作片段的解读与分析，可以得到这一组动作所需要的空间尺寸条件、运动轨迹及对生理的影响。

空间中的填充体是一个或一组相对固定的设备或装置，包含了产品设计相关的内容，是以工业化制造为手段批量生产的产品，其设计过程是工业设计的范畴。它对空间的影响不仅需要考虑设备本身所占用的空间大小，还需考虑其工作全过程占用的空间，例如冰箱所占尺寸不仅是冰箱高度和大小，还包含冰箱门打开过程所占用的空间。

居室空间的尺寸以人体尺寸为基准，不仅要满足人的生理机能的需求，还需考虑动作空间受产品使用方式的影响，使用方式不同往往会带来动作空间的变化。所以产品选择是空间组织的一个重要因素。

依次选取人们普遍的一些行为动作加以分解，可以直观的了解人体的姿态和移动部位。还原这些生活场景，分析由片段构成的动作画面，不但可以获得动作需要的空间范围，还能清晰表达人、场所、景象的关系，是公众参与设计的表现。将这些功能活动的平、立面图进行归纳就可以量化每一个单体动作的具体尺寸，明确动作空间所占的范围，例如从端坐状态到完全站立的动作在竖向空间上所形成的动作域见图 2.2-1。

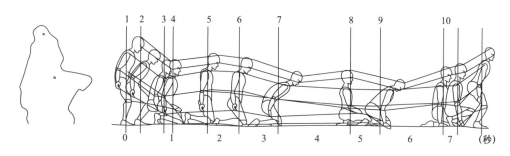

图 2.2-1　动作域（图片来源：小原二郎《室内装饰设计 2》）

把不同动作的动作域进行复合叠加形成动作模板，它反映出各个单一动作排列组合所形成的空间范围，不同行为的秩序和连贯性以及某一动作行为的节奏和规律。这些都是进行空间尺寸设计的重要依据。例如把淋浴所需的动作尺寸模板与如厕、盥洗、洗衣等动作尺寸模板（图 2.2-2）进行不同的排列组合就能得出卫生间所需的尺寸模板图 2.2-3。按照这样的分析方法可以得出不同活动空间的尺寸模板图，这些尺寸模板图是我们进行空间分解与组合的工具。

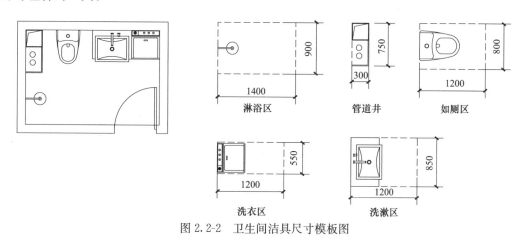

图 2.2-2　卫生间洁具尺寸模板图

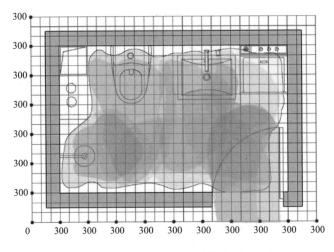

图 2.2-3 卫生间尺寸模板图

注：图片根据《公共租赁住房居室工业化建造体系理论与实践》自绘

2.3 家庭生命周期与居住空间需求

一个家庭在其生命周期内，家庭人口数量的变化会对住宅空间有不同的影响，每个家庭在不同阶段也会有不同的变化，而住户在适应这些变化所采用的方法要么是改造住宅，要么是更换住宅。

家庭生命周期理论提供了一个了解家庭发展的重要线索，通过对家庭发展阶段脉络的研究，可以动态掌握家庭生活的变化。对各个阶段之间变化的分析是关键，因为这种变化会直接导致居住空间需求的变化。

2.3.1 家庭生命周期过程中居住需求变化

家庭生命周期（family life cycle）最早是由美国学者 Paul Click 于 1947 年从人口学的角度提出，随后世界卫生组织明确了其完整的概念。国际上，对于家庭生命周期中家庭发展阶段的划分方式并没有一致定量，因其可作为划分变量的因素较多，较为成熟且得到认可的划分变量因素有：家庭人口年龄为变量、家庭规模为变量、婚姻状态为变量以及家庭结构为变量等。意在用于贴切地描述家庭结构、家庭人口组成及家庭行为改变，显示了一个家庭自身的变化和在发展过程中不同阶段的特点。此概念后经一些社会学家和人口学家，如邓肯（Dunean）、德弗尔（Duvall）、黑尔（Hill）以及凯茨（Kate）等人进一步发展和完善[19]。

一般来讲，家庭生命周期经历从家庭开始组合到分解等各个阶段会持续 30～70 年，依据不同的生活特点和需求可将其分为六个阶段：

单身期阶段（0～5 年）：这个阶段是指从子女离开父母单独居住到结婚。青年人结婚前独自居住对于空间需求较小，因此一居室基本可以满足年轻人的需求。

新婚期阶段（1~3年）：这个阶段是指从结婚到生儿育女，结婚标志着一个家庭的开始，青年人婚后是否与父母合住，在很大程度上决定着住宅的整个户型结构。

育儿期阶段（6~9年）：这一阶段家庭的变化表现为规模增大。随着孩子的出生，老人加入的可能性，家庭人口结构发生改变，对居住空间和环境产生新的要求。

教育期阶段（12~18年）：从孩子上小学到独立，此阶段家庭人口结构较为稳定。

空巢期阶段（15~20年）：此时期子女成家立业，并相继有了后代搬离出去，家庭对居住空间和环境的要求再度发生变化。

孤老期阶段（10~15年）：在这一阶段夫妻年老体弱，或夫妻中只剩一人，生活上或与子女在一起，或进入社会养老机构。

同一家庭在其生命周期的不同阶段有不同的居住意愿和选择趋向。家庭人口结构的变化是家庭生命周期变化的直观反映，随之影响着人们的居住行为及对住房的生理、心理需求（表2.3-1）。

家庭生命周期与空间变化　　　　　　　　　　　　　　表2.3-1

阶段	特征	人员构成	人口数	年限	空间需求
单身期	独立居住	单身人	1人	0~5	对客厅、餐厅空间需求以满足不定期的聚会、社交；卧室考虑添置衣帽间、梳妆台；另可考虑备用可变空间兼作客卧室
新婚期	婚后共同居住	夫妻	2人	1~3	刚组建家庭，相互处于磨合期，对于拥有各自的独立私密空间十分重要，在卧室当中应添置衣帽间、书桌等功能；居住空间另可考虑备用一个可变化空间兼具客卧的功能
育儿期	首个子女出生，或和老人共同居住	夫妇+子女（+老人）	3~6人	6~9	增加儿童活动区域，餐厅区域随新生儿的到来和成长也被正式规划起来；增设儿童房和老人房；另可考虑保姆房
教育期	子女长大，或和老人共同居住	夫妇+子女（+老人）	3~6人	12~18	家庭以学习、办公为主，公共活动区域缩小，空间功能属性恢复单一
空巢期	子女搬出，或保姆共同生活	父母	2~3人	15~20	生活行为多为享受闲暇、赋闲在家，增设舒适享受空间
孤老期	独居或与子女共同居住或进入社会养老机构	夫妇+子女+老人	4~6人	10~15	居住空间需求偏好侧重于医疗保健和娱乐，生活健康和趣味是其关注的重点，同时由于自身生活能力，体力水平的影响，家庭对医疗、护理、养老服务及其便利性的要求达到最高水平，需增设适老空间

刚步入社会的单身青年自己做饭概率低，基本没有对厨房的功能需求，市场上现有的适应这类居住需求的住宅产品是青年公寓，且数量并不能真正满足需求。

在我国婚姻与住房存在着紧密的联系，是居民组建家庭的基本物质条件，表现出刚性住宅需求的阶段在家庭新婚期，并出现了一对夫妻的家庭模式，核心家庭的基本生活模式也逐渐显现。

随着家庭生命周期的发展，在家庭育儿期，随着家庭成员的增加，客观上要求家庭的居室空间数量随之增多，新加入的家庭成员除了新诞生的生命还有来照顾孩子的老人，家庭成员增加。

在经历了迅速从高生育率到低生育率的转变之后，我国人口的主要矛盾已经不再是增长过快，而是人口红利消失、人口老龄化等问题。2011年11月，中国各地全面实施双独二孩政策；2013年12月，中国实施单独二孩政策；2015年10月，中国共产党第十八届中央委员会第五次全体会议公报指出：坚持计划生育基本国策，积极开展应对人口老龄化行动，实施全面二孩政策。多子女家庭越来越多，家庭成员的数量瞬时激增，原有的居住条件必然要做出相应的调整和改变，多数情况下，受限于原有住宅模式，这样的改变需求并不能得到满足，从而造成生活质量的下降与家庭矛盾的增加，因此对于空间灵活性的需求增大，为空间灵动家带来重大需求。

处于教育期的家庭，这时候孩子有了一定的成长，进入稳定的求学阶段，白天有学校教育看护，老人们基本完成了其帮养使命，这一阶段的家庭会根据具体家庭成员的情感关系发展出一对夫妻加孩子的核心家庭或者一对夫妻加老人、孩子的向老家庭情况。

向老期的家庭是双重导向的住房需求。一方面需要为即将成家的子女提供成家之所，另一方面双亲年事已高，可能需要和自己同住，以方便照料。这些都需要在向老期的家庭增加新的房间和面积，这是家庭住房最为紧张的一个阶段，承担安置子女成家与赡养老人的双重压力，一旦具备了一定的经济基础，这一时期改善居住条件和环境的需求就会较为强烈。

孤老期家庭会对住宅的居住条件有极大的物质需求的变化，住宅的居住条件需要围绕适老模式进行设计与设置，这个时期的居住需求是特殊的，从门的开启形式、卫生间的布局与器具、走道与台阶以及急救系统、看护系统等一系列的养老、适老设计都与其他生命周期的家庭有极大不同，更需要进行改造与更新。

可以看出我国的家庭生命周期实际上是呈现出多元化、流动性的家庭人口结构状态。其需求也是动态发展，不断变化的，目前的住宅产品有针对每一个阶段的细分产品，如青年公寓服务于年轻人、配套养老设施的养老公寓、针对核心家庭的普通住宅等。这就要求每户家庭不断的置换新的住宅来满足家庭生命周期的需求，对于一个家庭置换新的住宅，成本代价较大，而针对青年公寓、老年公寓等的这些细分产品数量也无法满足市场需求。那么能不能有一种住宅模式在不用置换新住宅的前提下，能够满足家庭全生命周期各个阶段的功能呢？

2.3.2 生活方式不同对居住需求的影响

同一家庭会因处在不同的家庭生命阶段而产生不同的需求，不同的家庭因情况的差异对居住的要求也不尽相同（表2.3-2）。

家庭生活方式举例 表 2.3-2

类型	特点
社交娱乐型	以年轻人为主，社交活动多，由于待客、聚餐、娱乐等活动需要较大的公共活动空间，因此在内部空间设计上要注重卧室的私密性和大空间合理分隔，使不同的活动能同时进行，互不打扰
工作学习型	此类型多在家中工作，大量时间用于工作学习，这需要住宅空间"公私分离"。除了必要的家庭生活之外，还需要有独立的学习与工作空间，甚至仓储空间，也强调"公私分离"
家政家务型	以居家生活为主，在家从事的主要活动是家务劳动。此类家庭需要有合适的厨卫、家务间和储藏间等空间，在设计中要考虑空间的流动性等问题
健康休养型	此类家庭比较注重健康和养生——老年人家庭和注重养生的中年人家庭，设计过程中需考虑卧室的舒适性、良好的采光通风，便利的交往空间和宜人的室外空间
运动休闲型	此类家庭在闲时会进行运动健身或其他活动，设计中要考虑活动空间能放置健身器材等活动设备，同时需要注意住宅内的动静分区
综合型	此类家庭会满足上述多项类型

生活方式和家庭成员的习惯爱好、教育程度、职业和收入等因素均有关，所以不同的家庭生活方式各有不同，居室的布局应与家庭成员的生活方式相适应，而生活方式是多样化的，并且随着时间还会不断发生变化。不同类型的生活方式对居住空间都有着不同的要求，所以住宅空间需要有足够的灵活性和可变性来实现生活方式的多元共存。

2.4 工业化住宅可变性研究

在满足了居住的基本需求之后，工业化住宅的标准化、规格化特点开始暴露出它的不足，也越来越难以满足人们在物质和精神层面日益丰富的多样化和个性化追求。

目前，对工业化住宅的研究和探索主要集中在生产和建造层面，设计层面上没有深层次地思考人们对居住空间的内在需求，也缺少对工业及工业设计逻辑的深层次研究，缺少一个系统的解决方案，只关注建筑的标准化、规格化，很难达到未来高品质高质量的住宅要求，由于在空间的设计上缺乏对不同住户差异化的考量，缺乏对住户家庭生命周期变化的适应性，缺乏套型改造更新的灵活性，使用者在入住之前难以参与到居住空间的设计中来，入住时不得不牺牲自己的个性化需求，入住之后又难以改造居住空间以适应变化的家庭空间需要，直到需求实在无法满足的时候只能考虑搬离。

这样的工业化住宅作为"居住的机器"被批量生产，制约了住户居住水平的提高和生活条件的改善，居住空间无法随时代的发展和住户需求的改变而改变，使居住空间功能的长效性丧失。因此在发展住宅工业化的过程，要关注满足居住多样化、个性化的可变空间设计。

在市场经济条件下，无论是房地产商还是设计院都需要跟着时代的步伐进行发展与转变，在住宅被视为"产品"的今天，开发与建设都需要善于运用一些正确的设计方法和建设手段，才能取得事半功倍的效果。用工业化的手段实现住宅的灵活可变是解决问题的方向。用工业产品的设计和制造方法，进行房屋建筑的生产，把住宅设计成具有一定批量的标化部件或集成化的部品，再用标准部件或者部品组装成房屋产品，提高部品质量的同时实现住宅灵活可变。

模块化设计是工业化的设计方法，也是一种新的标准化形式。借鉴模块化设计方法研究住宅空间可变性可以对住宅各个模块进行系统的分解，对不同功能区域进行精细化的研究，满足不同层面的需求，以自下而上的方式，建立各功能空间的尺寸标准。住宅空间模块化设计的过程，就是通过模块化分析，进行系统分解与分类，再按照工业化生产、制造的逻辑集成部品部件的过程。

对于住宅空间可变性研究借鉴模块化设计方法，相对于传统的设计理念，住宅模块化设计是一个化繁为简的设计策略，它具有一定的循环性。模块化的建筑设计理念注重对设计过程的优化，科学合理的宏观流程，对建筑进行系列化、通用化、定制化的设计，从而达到减少设计周期，降低经济成本的效果[20]。住宅模块化设计不仅要在功能空间、造型等方面满足人类的需求，而且还需创造出具有特色的空间。由于当代人们的生活需求呈现多层次、多样化的特点，因此就要求住宅的内部空间应具有较强的适应性和多样性。新材料及新技术作为发展居室模块化设计的有效手段，充分运用新材料和新技术来实现居住空间的多样性。

2.4.1 住宅空间模块的分解、集成、组合与变化

工业化住宅的可变空间设计路径是先对住宅进行模块化分解，再按照生产、制造的逻辑重新集成为新的系统，通过定制化设计，借助可创造出预制构件完整数据模型的软件和智能制造优势，将预制构件生产所需的加工数据全部完整导出，再通过云平台将数据传递给工厂，工厂接收信息后，通过数据解析，将数据转化为生产装备可读的数据，从而打通设计、生产数据流，实现设计数据驱动工厂装备自动化生产、设计工厂协同发展模式。设计模型不单单只为出图，更重要的是为后端构件生产提供加工数据，通过数据驱动智能装备生产，减少人为干预，大幅提高自动化程度和构件生产效率，大幅降低错误率提高质量，基于此工业化及智能化设计逻辑结合居住需求进行空间模块的设计与组合。

1. 住宅空间模块化的分解

首先，借鉴模块化设计方法将住宅空间（图2.4-1）进行模块化分析（图2.4-2），把每个区域视为一个相对独立的功能模块单元，每一个功能模块单元参照相应尺寸模板，对单一模块进行精细化设计，使之能够在整体系统中发挥更大的作用。我们可以将住宅居室分解为以下几个功能区：①起居室；②厨房；③餐厅；④卫生间；⑤卧室；⑥阳台；⑦出入与通道；⑧固定类收纳空间；⑨管道竖井，一般来讲居室是由这9个功能区域进行选择性的排列组合的结构；从模块化的层面也可以理解为九个功能模块，构成居室空间的基本元素大体如此，这就使得深入研究这几个相对独立的功能模块成为系统研究的基础。

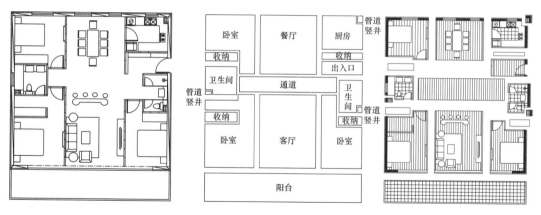

图 2.4-1　住宅空间图　　　　　　　图 2.4-2　住宅空间的模块化分析

其次，建筑师作为"系统架构师"，对模块相关技术参数必须有所掌握。当然，难以一一穷尽各组成单元的细节。所以，把相关的设计参数进行分类和分级，以对应不同模块层级的设计参与者。比如，一个研究坐便器冲水方式的工程师，所掌握本层级的技术参数，远远多于上一层级的设计者，但他可以对有关外窗设计的相关参数一无所知。模块化分解的逐级研究模式，使设计"精细化"具有清晰的层级结构，提供可量化的工作方法。因此，为了获得合理的单位空间尺寸，再对住宅空间的各功能模块进行分解，形成相对独立的单项技术模块（图 2.4-3）。

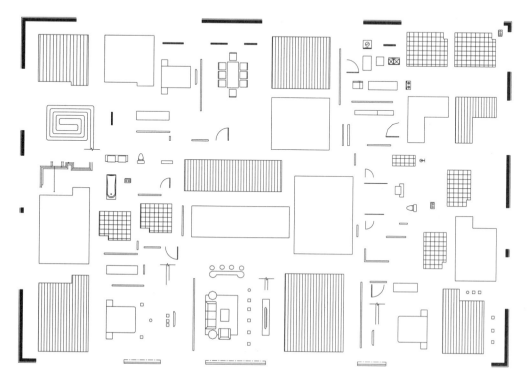

图 2.4-3　住宅单一功能模块展开图（形成相对独立的单项技术模块）

然后根据每个单项技术模块的相似性及特点以及装配式内装系统分类原则形成模块的分类序列（图 2.4-4）：①承重墙；②内隔墙；③家具；④洁具；⑤厨具；⑥门窗；⑦设备管线；⑧地面；⑨顶面，便于下一步的集成与组合。

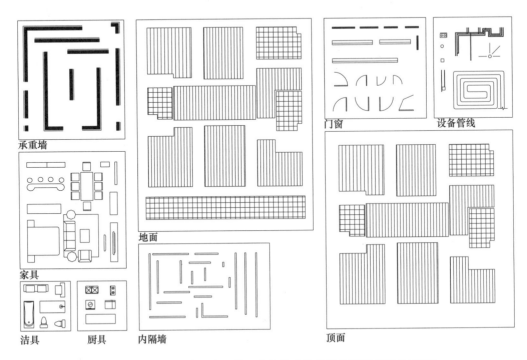

图 2.4-4　模块分类（按照装配式内装系统分类原则及相似性原则）

2. 住宅空间模块化的集成

模块化分解与分类为模块的集成创造了条件，集成与组合是模块化设计的核心工作，模块的集成是建立新系统的过程，也是模块化设计的目的，其关键技术环节是集成逻辑。为了降低集成的复杂性、提高工厂加工的效率，需要部品部件的尺寸协调统一，即符合一定的模数协调原则来实现部品部件的通用性和互换性。

工业化住宅的集成逻辑就是将分类后的单项技术模块按照工业化生产、制造的逻辑，协调部品部件之间的模数接口，进一步整合为 7 类新的部品体系（图 2.4-5）：①外墙结合窗及必要的设备管线成为外围护系统；②内隔墙结合门、家具、电盒、线槽等设备管线成为内墙系统，提高空间可变的简易程度，方便安装、结构坚固、满足隔声要求是内墙部品的集成关键；③吊顶模块集成灯、烟感等设备成为集成吊顶系统；④集成地面系统；⑤集成卫生间；⑥集成厨房；⑦家具部品。

3. 住宅空间模块的组合与变化

最终，工业化住宅通过这 7 类工业化部品系统，按照居住需求、住宅生命周期，实现空间的调整、转换、复用。

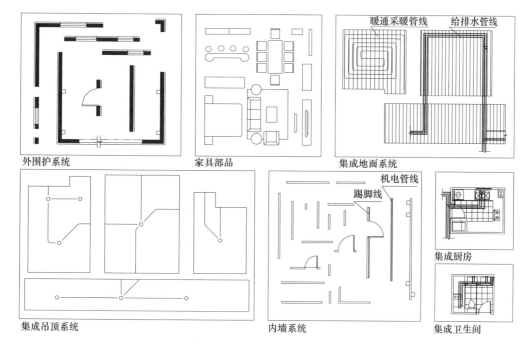

图 2.4-5　分类的模块按照生产制造的逻辑集成为部品系统

比如通过集成吊顶、集成地面与内隔墙系统的调整实现厨房与餐厅、起居室空间的转换；通过家具部品与内墙系统的重新组合调整空间功能等。内部主要居室空间的可变性可通过以下方式实现：

（1）隔墙的灵活布置

隔墙的灵活移动和拼拆组装是主要居室空间变化的关键，局部隔墙的组装和拆除可以实现空间的分割和组合。

住宅内部空间的组合方式往往与家庭的人口构成、生活习惯、有着密切关系，并随时间的推移而不断改变。如早期，家庭以单身或夫妻为主，套型内部除了对厨房和卫生间进行分隔，其余的为一个大空间，整体较为开敞、自由；中期，随着小孩的出生，需要在大空间的基础上增设隔墙，分隔一个卧室，留下一个较大的空间；后期，随着功能需求或人口的继续增加，可以在较大空间的基础上再组合隔墙，分隔出一个房间。相反，随着孩子长大离开家庭或住户希望开敞的空间的时候，那么还可以通过拆除隔墙对居室空间进行逆向改造。

对于一些空间布局的变化需要改变某一房间的大小和位置，通过移动或改变局部隔墙的位置实现。

（2）家具的重新布置

通过内部家具的调整实现房间的功能转变，空间的功能转换有短期和长期性调整两种。如沙发和电视置于起居室，双人床、衣柜、梳妆台置于主卧室，更换空间内的全套或部分家具可实现空间的长期重新规划。

另外采用可变家具能够实现空间的迅速转变：例如有会客需求时，折叠床转变成沙发，卧室空间随即转换成客厅；卧室不够时可以将组合柜中的折叠床展开，客厅就变成了卧室，此类空间功能的迅速转变实际上也是一种空间的复用。

2.4.2　外轮廓与灵活可变组合户型研究

我国大部分集合住宅是钢筋混凝土结构，钢筋混凝土具有较长寿命和耐久性，一旦完成浇筑，很难进行改动，然而，人们对住宅内部空间布局改变的需求平均每五年会发生一次。因此，尽可能减少不可变的承重结构部分，同时通过更新工业化内装部品最大程度满足居住者的可变需求。成熟的工业化住宅体系可分为主体结构的工业化、内外装与机电的工业化两部分，宏观上已经将坚固耐用的结构主体构件与寿命短、需更新的内外装部品分离开来，使两者独立发挥作用而互不影响。

针对坚固耐用的主体结构需要对其"形"进行研究，找出规律让主体结构的"形"最适合内部空间的可变。对空间而言，约束越少则功能的灵活性、可变性越强，密斯在论述其"Less is more（少即是多）"的空间思想时提出对于建筑的使用寿命而言，建筑功能的存在是阶段性的，我们不应通过过多的限制空间，来满足单一的功能，而应以适当的空间变化来适应功能的变化。最少的空间限定会带来最大的空间效益。通过图 2.4-6 与图 2.4-7 比较可以看到住宅户型的布局受到轮廓形状的影响，最简洁方正的轮廓可以提供最多的室内空间隔断划分的可能，室内空间灵活性可以最大限度地发挥其优势，曲折变化的轮廓内隔断可选择的位置少，功能布局受束缚。外轮廓简单、规则，设计标准化、系列化、模数化，有利于工业化，可真正实现空间灵动可变。空间灵动家户型轮廓尽量简单方正，除满足必要的采光、通风要求，避免过多的凹凸进退；外轮廓平直利于户内空间的灵活布置，从而实现同一空间的多种变化。

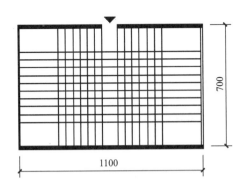
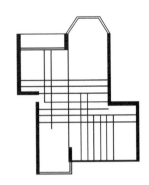

图 2.4-6　轮廓方正、空间划分的可能性较多　　图 2.4-7　轮廓曲折、空间划分的可能性较少

注：引自贾倍思、王薇琼《居住空间适应性设计》东南大学出版社，1999：161

除此之外，在一种轮廓内实现多种空间布置方案，还与门窗的大小和位置有关。一个空间如果可以分成两个空间使用，设计关键在于窗和门，这样划分的两个空间都有自然采光和通风。

空间灵动家

3.1 空间灵动家代系

"空间灵动家"从住宅工业化出发，对住宅工业化系统性、关键性问题进行研究，针对居住建筑的全屋产品进行创新开发，用极简的结构体系承载功能的无限可能性与拓展性，实现居住空间的功能自由转换满足住户多样化的需求。为了提升空间灵动家的建筑品质、提高建设效率及控制建设成本，空间灵动家根据内填充部品的工业化发展程度及智能化程度分代系逐步实现，代系分类见表 3.3-1 SPCH 代系演进表。

SPCH 1.0 在实现大跨度空间的基础上实现功能定制，内填充隔墙可采用计装配率的工业化条板类部品，并根据具体项目情况选择 ALC、轻质复合板等板材。该版本可操作性强，技术成熟度高，是空间灵动家初期进入市场的经济型版本。

SPCH 2.0 在大跨度空间的基础上实现更多的内填充部品工厂预制，现场干法装配。

SPCH 3.0 及以上版本目标是实现在大跨度空间下的自由与灵动，并进一步集成人工智能及智能家居，让"家"成为重要的智能终端。墙体集成快装式强弱电系统、可拼接扁风管新风系统及电采暖技术等多种创新系统，也是 SPCH 3.0 及以上版本重要的研发课题。SPCH 3.0 的研发需产业链条上的企业共同合作，共同参与 SPCH 系列的研发与设计。SPCH 产品代系演进见表 3.1-1。

SPCH 代系演进表　　　　　　　　　　　　　　　　　　　　　　表 3.1-1

代系	SPCH 1.0	SPCH 2.0	SPCH 3.0	SPCH X.0
目标	大跨度， 空间定制	大跨度， 装配式装修	大跨度， 可拼装模块化智能隔墙， 智能家居	大跨度， 全屋智能，家具化部品
灵动性	更新周期 10 年以上， 工期以月计， 造价与传统持平	更新周期 5～10 年， 工期以周计， 造价比传统略高	随时更新， 工期以小时计， 造价目标与传统持平	AI 控制， 自动更新

代系	SPCH 1.0	SPCH 2.0	SPCH 3.0	SPCH X.0
特征	内隔墙采用条板类（ALC、轻质复合板等）需部分湿作业；需专业施工队施工；装配率贡献 5*	装配式装修；干作业；需专业施工队施工；装配率贡献 10~14*	内隔墙采用智能墙体；家具化拼装；用户或物业人员实施装配率贡献 14~16*	人与住宅实现交互，真正成为智能终端
应用建筑	经济型商品房/保障房	商品房/一、二线城市保障房	商品房	未来建筑

* 装配率贡献数据依据《装配式建筑评价标准》GB/T 51129—2017 中"内隔墙非砌筑""内隔墙与管线装修一体化""管线分离"三项得分情况评价，并结合项目实施地的规定进行复核。

3.2 空间灵动家设计原则

3.2.1 建筑设计原则

密斯认为，最少的空间限定会带来最大的空间效益，这也是一种经济原则。空间灵动家的核心是强调主体结构的极简，减少主体结构对户内功能的限制，通过工业化方式实现在大跨度空间下的自由与灵动。

对设计而言，空间灵动家应采用工业化设计方法，运用 BIM 技术驱动工厂生产，将生产、施工阶段的问题提前至设计阶段解决，并在设计初期就考虑住户自由选择的需求及后期改造的需求；按照集成设计原则，建筑、内装、结构、给排水、暖通空调、电气、智能化等专业进行一体化设计。

设计原则：

（1）方案设计阶段，建筑专业应与各专业密切配合，除满足平面功能需求，还应考虑功能的可变性。

（2）设计标准化、系列化，提高工业化程度。

（3）按照大开间、大跨度的设计原则，使得每类面积户型平面均能满足灵活布置。

（4）平面形状宜简单、规则，避免过多凹凸，减少承重结构对内部功能的约束，提高户内功能的灵活性、可变性。

（5）空间灵动家内装技术需做到技术先进、工业化、智能化、经济合理、安全适用，保证工程质量。

（6）空间灵动家宜采用装配式装修，且满足装配式装修相关要求，为实现空间灵动家的灵活布局与空间变化，应采用配套的工业化、智能化内装技术①及部品部件。

---

① 空间灵动家配套的工业化、智能化内装技术需产业链上的相关企业共同开发。

（7）功能模块灵动组合时需满足规范要求，并充分考虑不同家庭人口结构使用需求，合理规划布置空间；原则上除厨房及卫生间的管井位置不变，其余空间均可变化灵动。

（8）为保证大空间的使用与灵动要求，原则上户内无梁无柱，特定户型在不影响户内大空间使用的前提下，局部可设梁。空间灵动家与一般住宅层高参考值如表 3.2-1 所示。

空间灵动家与一般住宅层高参考表①　　　　　　　　　　表 3.2-1

类别		一般住宅	空间灵动家（板跨 7.8m）	空间灵动家（板跨 11.4m）
结构板厚		140mm	230mm	330mm
建筑面层		50～110mm	50～110mm	50～110mm
室内净高		2650～2710mm	2630～2690mm	2680～2740mm
层高		2900mm	3000mm	3100mm
典型高度示例	二类高层（33m）	11 层	10 层	10 层
	二类高层（54m）	18 层	17 层	17 层
	一类高层（80m）	26 层	26 层	25 层
	一类高层（100m）	33 层	32 层	31 层

注：住宅典型高度说明：
1. 建筑高度大于 33m 的住宅建筑应采用防烟楼梯间，设置消防电梯；
2. 建筑高度大于 54m 的住宅建筑为一类高层民用建筑，每个单元每层的安全出口不应少于 2 个；
3. 《城市居住区规划设计标准》GB 50180—2018 规定 80m 与 26 层为住宅高度上限；
4. 建筑高度大于 100m 的民用建筑为超高层建筑。

3.2.2　结构设计原则

空间灵动家的结构设计应满足国家现行规范、标准、规程的相关要求。结构设计基本原则及建议如下：

（1）结构布置宜规则对称，质心与刚心宜重合，避免不规则、不对称布置增大结构的扭转效应。剪力墙应沿两个主轴方向或其他方向双向垂直布置，两个方向的侧向刚度不宜相差过大。

（2）结构竖向构件应沿户型周边布置，并应自上而下连续布置，避免刚度突变，用大跨度楼板实现户内无梁无墙（柱）。

（3）采用大跨度楼板的剪力墙结构，其板厚、梁高、墙厚等构件尺寸及布置方式往往有别于常规结构，故在设计初期，结构应与各专业充分沟通，避免施工图阶段调整建筑方案、施工图设计的返工。

（4）结构构件应为建筑空间分隔变化及其他各专业功能预留条件，随着建筑空间的灵活变动，建筑隔墙以及附着在建筑隔墙上的设备管线，都可能对在结构中的预留预埋提出更为严格和复杂的要求。

---

① 表中所列数值均为采用预应力混凝土钢管桁架叠合板（PK-Ⅲ板）一般情况下的参考值，具体板厚、建筑面层厚度需根据项目设计。

（5）大跨度楼板比普通楼板对荷载更为敏感，在满足建筑功能要求的前提下，宜采用荷载较轻的建筑面层做法，以及重量较轻的隔墙系统。荷载应考虑建筑空间的各种可能变化，按最不利情况考虑，必要时应进行包络设计。

（6）结构的变形与内力可采用弹性方法计算，框架梁及连梁等构件可考虑塑性变形引起的内力重分布。当楼板可能产生较明显的面内变形时，结构计算应考虑楼板的面内变形影响。对整体结构分析，必要时可补充弹性或弹塑性时程分析，并采取有效的构造措施。

3.2.3　机电设计原则

（1）满足户型变化时机电设备正常使用、方便快捷改动的需求，并且以不影响上下层用户的正常使用为原则。

（2）通过机电技术的创新应用、研发，来满足户型的灵动变化、用户多样化、个性化的居住需求。

（3）设备管线应进行工业化集成设计，满足标准化、系列化、模块化、易实施化，设备与管线系统应与结构系统、内装系统进行尺寸协调，采用标准化接口，有利于实现建筑部品构件的通用性，也有利于主体结构的标准化。接口的尺寸精度应满足工业化住宅要求，提高工业化住宅品质。

（4）设备管线应进行综合设计，管线定位尺寸应符合基本模数或分模数，便于生产和安装。其管线敷设宜采用与主体结构相分离的布置方式，宜布置在本层吊顶空间、架空地板下空间、装饰夹层内，管线定位尺寸宜符合分模数 M/5[21]。

（5）设备管线敷设及在结构构件内预留预埋，应符合结构系统模数网格的规定。立管留洞位置应中心定位、上下对应，其偏差不应超过±3mm。

（6）机电设计宜采用 BIM 手段进行管道综合设计，利用信息化技术手段实现各专业的协同配合，将设计信息与部品部件的生产运输、装配施工和运营维护等环节有效衔接。

（7）卫生间机电系统设计应考虑建筑及居住者全生命期的安装、维护和更新，卫生间排水宜采用不降板同层排水技术，卫生间内给水宜在吊顶内敷设。

（8）前期规划与方案设计阶段，机电应结合项目的需求、定位，确定的 SPCH 代系、装配率的要求，策划设备管线系统的实施技术路线、系统方案。

3.3　空间灵动家户型系列

3.3.1　主流户型研究

建筑的室内空间需要考虑整体建筑结构及水、电、气、热等因素，但不仅仅是一个建筑技术问题、设计问题；户型是实现消费者居家生活的基本要素，只有满足了消费者的需求才有意义，才能称之为好户型，因此户型研究还包括对市场、消费者需求的分析。基于户型设计理论研究分析，归纳总结接受度较高的户型标准大致如下：主次分明、动静分区、公私分明、干湿分离、尺寸合理、布置合理；户型方正、通风透气、客厅、卧室朝南、明厨明卫无暗房、避免走道、具有一定的可塑性。

通过对市场上常见户型调研分析，汇总市场上主要面积区间（90m² 以下、90～120m²、120～140m²、140m² 以上）的典型户型，发现面积接近的户型大类并不多，其内部布局大致相似（表3.3-1）。根据上述户型研究及市场户型调研总结出市场主流户型，研究主流户型的功能分区，作为空间灵动家研发的基础资料。

市场主流户型总结表　　　　　　　　　　　　　　　　　表3.3-1

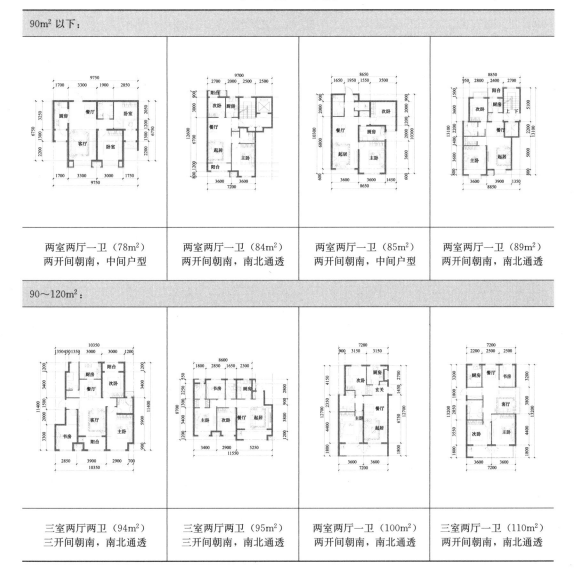

90m² 以下：			
两室两厅一卫（78m²） 两开间朝南，中间户型	两室两厅一卫（84m²） 两开间朝南，南北通透	两室两厅一卫（85m²） 两开间朝南，中间户型	两室两厅一卫（89m²） 两开间朝南，南北通透

90～120m²：			
三室两厅两卫（94m²） 三开间朝南，南北通透	三室两厅两卫（95m²） 三开间朝南，南北通透	两室两厅一卫（100m²） 两开间朝南，南北通透	三室两厅一卫（110m²） 两开间朝南，南北通透

续表

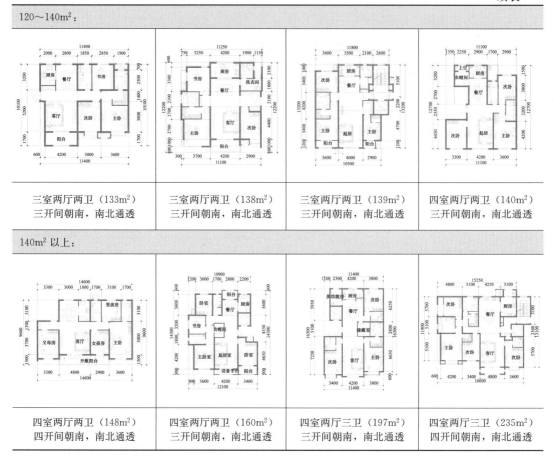

120~140m²：			
三室两厅两卫（133m²） 三开间朝南，南北通透	三室两厅两卫（138m²） 三开间朝南，南北通透	三室两厅两卫（139m²） 三开间朝南，南北通透	四室两厅两卫（140m²） 三开间朝南，南北通透
140m² 以上：			
四室两厅两卫（148m²） 四开间朝南，南北通透	四室两厅两卫（160m²） 三开间朝南，南北通透	四室两厅三卫（197m²） 三开间朝南，南北通透	四室两厅三卫（235m²） 四开间朝南，南北通透

市场主流户型分析研究后，对其有待改进的地方总结如下：户内承重墙较多，基本无法实现功能转化；户型轮廓凹凸较多，不利于节能、工业化；次要空间采光较差；缺少户外交流空间（如阳台）；标准化、模块化设计考虑较少；缺少大空间；厨房、卫生间尺寸多数较零散，实现工业化困难。因此，外轮廓简单、规则，设计标准化、系列化、模数化，有利于工业化，可真正实现空间灵动可变。

3.3.2 空间灵动家典型户型方案

在一种轮廓内实现多种空间布置方案，要求空间灵动家户型轮廓尽量简单方正，除满足必要的采光、通风要求，避免多余凹凸进退；外轮廓平直利于户内空间的灵活布置，从而实现同一空间的多种变化。通过对主流户型面积区间、面宽进深比、内部空间布局的研究分析，发现面宽进深比大相对容易实现内部空间的灵动变化，因此选择面宽进深比相对较小的户型，一旦此类户型可变性得以解决，大面宽户型可以参照设计，灵动性更容易解决。为此，提出覆盖了市场主流户型面积的户型轮廓及其变化方案如下，为工业化可变住宅的推广应用提供参考。

70 系列：70m² 套内面积，户型方正，9.5m 三开间面宽，9.2m 进深，南北通透，小户型双卫，采光充足（表 3.3-2）。

70 系列户型方案及其灵动变化　　　　　　　表 3.3-2

70A-01 户型：单身生活
主卧配备奢华独卫；大客厅、吧台、多功能区，充分满足主人对社交、聚会的空间要求

 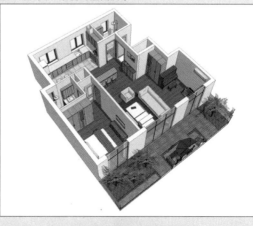

70A-02 户型：二人世界
独立书房，获得静谧读书与办公空间；大主卧配备独卫，生活恣意；多功能区满足主人休闲娱乐需求

 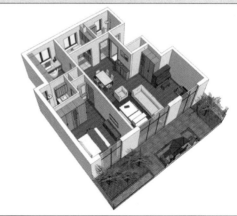

70A-03 户型：孩子出生
婴儿房紧邻主卧便于对婴儿的照顾；老人房与婴儿房、主卧分区设置，减少相互间的干扰

 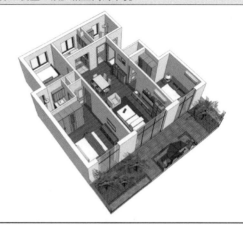

70A-04 户型：三口之家
增加儿童活动空间，厨房紧邻儿童活动区，增加与孩子的互动，可使新手父母休息、看护两不误

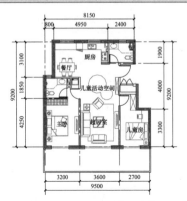

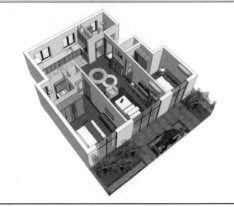

75 系列：75m² 套内面积，户型轮廓呈凸字形，11.1m 双开间面宽，8.7m 短进深，采光较好，北面入户，适合作为中间套（表 3.3-3）。

75 系列户型方案及其灵动变化   表 3.3-3

75A-01 户型：年轻夫妇
针对喜欢社交的年轻夫妻打造轻奢个性的生活空间，开放的厨房结合吧台，聚餐空间是整个户型的核心，聚餐空间尽头的展示区可以展示主人的收藏和爱好，和朋友一起聚会、一起游戏娱乐

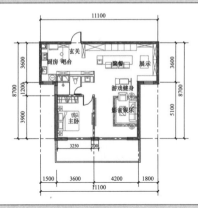

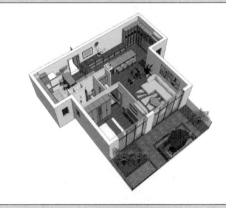

75A-02 户型：三代同堂
三代人有不同的生活习惯，需要三个独立卧房，三分离卫生间设置双洗手盆方便三代人的洗漱需求

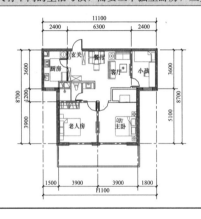

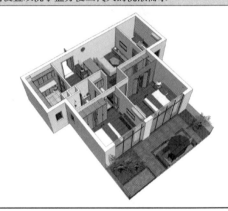

续表

75A-03 户型：三口之家
拥有一个小孩的三口之家，卧室相互独立，并通过起居室联系，玄关背面设置家政间

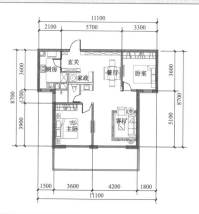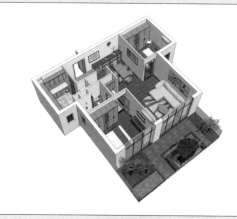

75A-04 户型：二孩家庭
双洗手盆，三分离卫生间解决四口人的洗漱，围绕亲子关系在中心区域设置亲子活动区及收纳

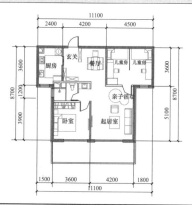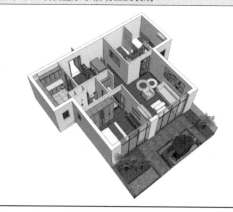

80A 系列：80m² 套内面积，户型方正，11.55m 三开间南向舒适面宽，7.5m 短进深，南北通透（表3.3-4）。

80A 系列户型方案及其灵动变化　　　　　　　　　　　　表 3.3-4

80A-01 户型：年轻夫妇
为爱好茶文化的年轻夫妇提供以茶会友的空间，开放式厨房结合起居室为品茶及展示区的延伸

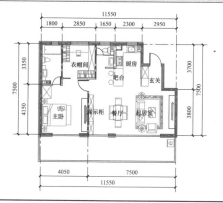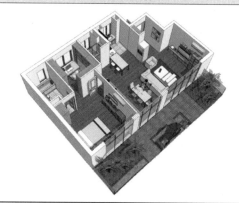

续表

80A-02 户型：孩子出生
婴儿出生带来家庭成员人口结构变化，两代人的私密性与舒适度都要兼顾

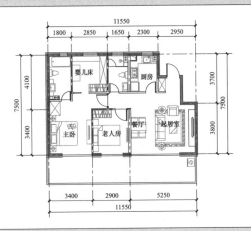

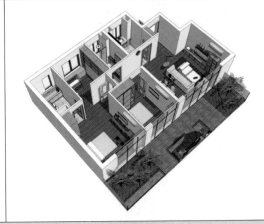

80A-03 户型：三口之家
横向宽厅设计起居、聚餐及展示空间，与朋友交流和分享收藏故事

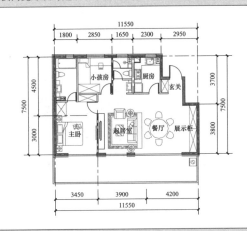

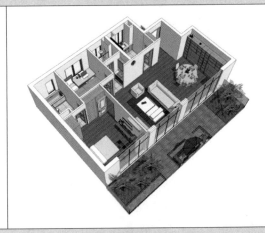

80A-04 户型：三代同堂
六口之家为两个孩子设置独立的成长空间，三分离卫生间、双洗手盆兼顾三代人的生活习惯

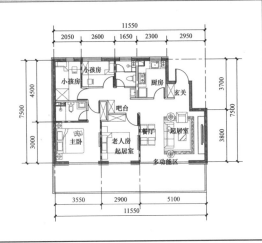

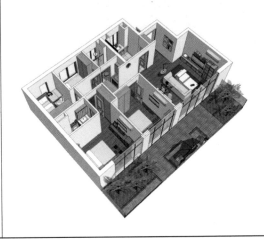

80B 系列：80m² 套内面积，南北通透，7.5m 双开间面宽，11.5m 进深，可组合多种楼型（表 3.3-5）。

80B 系列户型方案及其灵动变化 表 3.3-5

80B-01 户型：二人世界
主卧配奢华独卫，宽敞衣帽间、享受的自由人生；客厅、吧台，满足主人对社交、聚会的空间要求

 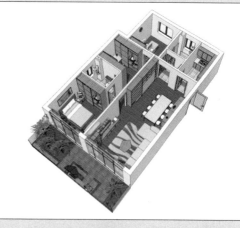

80B-02 户型：孩子出生
婴儿房紧邻主卧便于对婴儿的照顾；老人房与婴儿房、主卧分区设置，减少相互间的干扰

 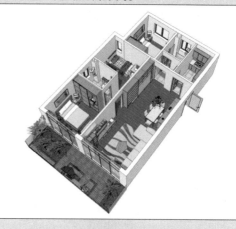

80B-03 户型：三口之家
为小主人增加集书房与活动区功能于一体的综合空间，呵护孩子成长同时，也不打扰二人世界

 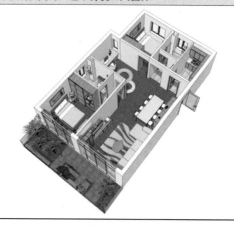

80B-04 户型：三代同堂
独立的老人房，既能满足父母含饴弄孙的愿望，又能保证各自的独立空间，互不影响

 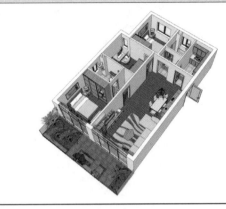

95 系列：95m² 套内面积，户型轮廓呈 L 形，11.2m 三开间面宽，10.4m 进深，采光充足（表 3.3-6）。

95 系列户型方案及其灵动变化　　　　　　　　　　　　表 3.3-6

95A-01 户型：SOHO 家
为在家办公的艺术家设置一个独立的工作室，同时结合起居室有一个展示艺术家工作成果的展示厅

 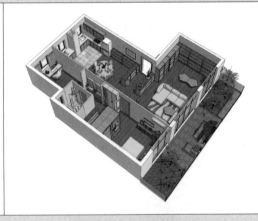

95A-02 户型：三代同堂
与老人同住的三口之家需要三个独立卧房，双卫设置保证了三代人不同的私密要求与生活习惯

 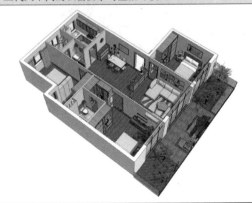

95A-03 户型：二孩家庭

为每个小孩设置独立房间，小孩拥有较长期的独立空间，同时把最主要的空间留给儿童活动区

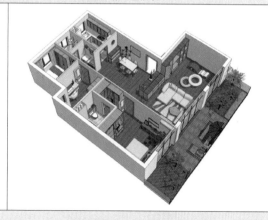

95A-04 户型：安享养老

孩子长大后独立成家，偶尔回来小住，为其保留一间卧室，老人在安度晚年的同时享受天伦之乐

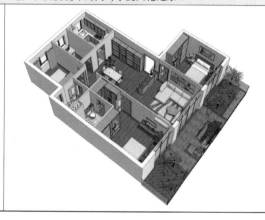

110 系列：110m² 套内面积，户型轮廓方正，11.1m 三开间面宽，8.7m 进深，南北通透，采光充足（表3.3-7）。

110 系列户型方案及其灵动变化   表 3.3-7

110A-01 户型：年轻夫妇

为追求个性的年轻夫妇打造轻奢生活，男女主人设置豪华更衣间，西厨结合可封闭的中厨设计

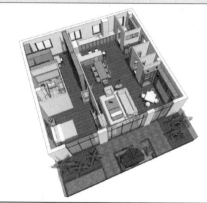

110A-02 户型：孩子出生

孩子出生带来空间需求的变化，除暂时过来帮忙照顾小孩的父母，还有可能聘请保姆料理家务；同时还为主人设置学习工作的书房及享受片刻安逸的茶室

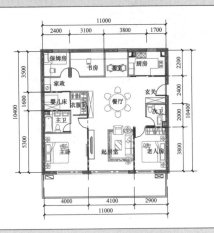

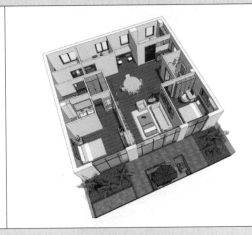

110A-03 户型：三代同堂

双套间为核心家庭提供独立的生活空间，同时围绕餐厅的核心空间是全家重要的共享交流区域

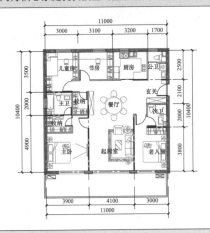

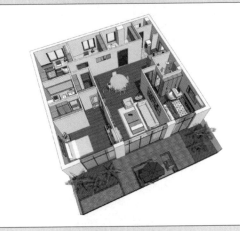

110A-04 户型：二孩时代

为两个小孩的家庭提供充分的成长空间和游戏空间，同时围绕餐厅提供全家人一起的活动空间

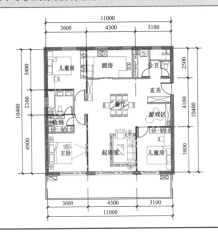

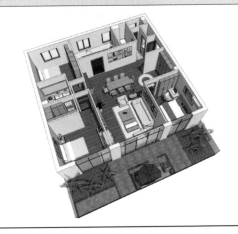

续表

110A-05 户型：三代同堂二孩家庭

拥有两个孩子与父母同住的六口之家，设置4个独立房间，平衡孩子的成长需要为两个孩子设置独立的成长空间，三分离卫生间、双洗手盆兼顾三代人的生活习惯

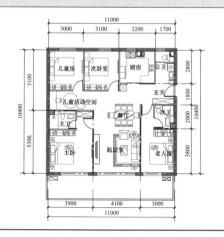

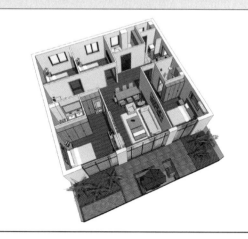

3.4 空间灵动家技术集成及解决方案

空间灵动家内装系统配置及做法需根据 SPCH 代系，各系统的技术特点、实施条件，并结合具体情况及项目定位进行设计选用见表 3.4-1。

SPCH 代系技术选用表

表 3.4-1

代系 系统	SPCH 1.0	SPCH 2.0	SPCH 3.0	SPCH X.0
配置说明	菜单化户型 及配置清单	菜单化户型 及配置清单	灵动操作使用说明	AI 控制， 自动更新
内隔墙	条板隔墙体系	轻钢龙骨隔墙体系	模块化可拼装智能隔墙系统	全屋智能机电系统，高度集成智能家居
地面	垫层＋饰面、	垫层＋饰面、 干式地暖模块＋饰面 地脚螺栓架空＋干式地模块＋饰面	垫层＋饰面、 干式地暖模块＋饰面	
吊顶	粉刷顶板	粉刷顶板 模块化集成顶板	粉刷顶板 模块化集成吊顶	
集成厨卫及其他	无	集成厨房 集成卫生间 整体收纳 可变家具	集成厨房 集成卫生间 整体收纳 可变家具	
给排水	常规做法	同层/异层排水；户内分（集）水器供水系统；太阳能热水系统；净水系统	不降板同层排水；太阳能热水系统；阳台灌溉系统；全屋净水系统	

系统＼代系	SPCH 1.0	SPCH 2.0	SPCH 3.0	SPCH X.0
暖通	常规做法	模块化干式地暖、碳纤维电供暖、散热器供暖、踢脚线环形水供暖、热泵型分体空调供暖；墙式新风、窗式新风、新风机加管路末端系统；分体空调	模块化干式地暖、碳纤维电供暖、踢脚线环形水供暖、热泵型分体空调供暖、踢脚线电供暖；墙式新风、窗式新风、新风机加管路末端系统；分体空调、新风与空调器结合系统	全屋智能机电系统，高度集成智能家居，未来成为智能终端
电气	常规做法	智能家居；电气管线分离技术	智能家居；电气管线创新技术；低压直流微电网技术	

注：表 3.4-1 为针对空间灵动家不同代系的推荐性系统设置，当具体推广实施时，若有特定的配置需求，也可根据需求增减相应的设置，但应注意其可实施的具体条件，可参考后续各章节对相应部品部件及系统详细作法内容。

3.4.1 内装系统

空间灵动家内装系统以方便实现空间灵动家的"灵"与"动"为目标，是形成独立于主体结构的独立系统。空间灵动家内装系统主要有内隔墙系统、地面系统、顶面系统、集成厨房、集成卫生间以及机电管线系统，其中内隔墙系统是"灵"的核心，也是实现机电管线系统的重要条件。

1. 内隔墙系统

空间灵动家的灵活变化最主要体现在划分空间布局隔墙的变化、随之变化的设备管线以及家具部品的变化。其中隔墙的变化是基础，所有房间数量、大小及布局的改变都需要隔墙进行限定与分隔。

依据空间灵动家代系及智能化、灵活度的不同要求，对 SPCH 1.0～2.0 代系适用的装配式轻质隔墙材料进行归纳总结：

（1）蒸压加气混凝土板（ALC）（表 3.4-2）

蒸压加气混凝土板概述、优缺点、适用范围及做法　　　　　　　　　表 3.4-2

概述	以硅质材料和钙质材料为主要原料，以铝粉为发气材料，配以经防腐处理的钢筋网片，经加水搅拌、浇筑成型、预养切割、蒸压养护制成的多气孔板材
优点	① 自重轻 ② 价格便宜 ③ 施工方便 ④ 现阶段最经济且满足国家《装配式建筑评价标准》装配率要求的轻质隔墙板
缺点	① 吸水率高，表面粗糙，抹灰或刮腻子后，易开裂 ② 条板在安装、敲击等振动环境下易开裂 ③ 有湿作业，管线敷设需剔槽，不适合预留预埋，改造拆装需专业施工人员，自由灵动性不高
适用范围	可用于 SPCH 1.0，也可直接用于各种建筑结构的内墙 住宅、酒店、宾馆、学校、医院各种墙体的选用设计参考《关于蒸压加气混凝土墙板的设计问题》，内隔墙最经济的选用厚度为 10cm 厚，10cm 的板材隔声、防火等各项性能指标均达到国家标准要求 卫生间、厨房部分的使用说明参见《关于蒸压加气混凝土墙板的设计问题》，内墙厚度可选用 10cm 厚，其性能达到国家标准要求
具体做法	见附录 A.1.1

（2）增韧发泡水泥空心墙板（表3.4-3）

增韧发泡水泥空心墙板概述、优缺点、适用范围及做法　　　　　表3.4-3

概述	以水泥为胶结材料，以无机或有机纤维为增强材料，加适量活性硅质材料，加水制成浆料，并通过物理发泡，引入空气，浇筑入具有模芯的模具中，成型为空心结构的轻质隔墙板
优点	① 质量轻 ② 防火 ③ 施工便捷
缺点	① 板缝易开裂 ② 粉刷层空鼓 ③ 增韧发泡水泥空心墙板在运输、安装、敲击等振动环境下易开裂
适用范围	可用于SPCH 1.0，也可直接用于各种建筑结构的内墙 工业与民用建筑的非承重外围护墙，非承重内隔墙，隔热、防火的隔断
具体做法	见附录A.1.2

（3）聚苯颗粒混凝土实心墙板（表3.4-4）

聚苯颗粒混凝土实心墙板概述、优缺点、适用范围及做法　　　　　表3.4-4

概述	用聚苯颗粒、水泥、粉煤灰、砂子、外加剂、水制成浆料，注模成型，内部可设置三维钢筋网
优点	① 整体性好 ② 防火 ③ 强度高 ④ 轻质 ⑤ 隔声 ⑥ 施工便捷
缺点	① 表面吸水 ② 抹灰或刮腻子后 ③ 易开裂
适用范围	可用于SPCH 1.0，也可直接用于各种建筑结构的内墙 可作建筑的分户墙、内隔墙和外墙
具体做法	见附录A.1.3

（4）轻质复合内隔墙板（表3.4-5）

轻质复合内隔墙板概述、优缺点、适用范围及做法　　　　　表3.4-5

概述	以薄型纤维水泥或硅酸钙板作为面板，中间填充轻质水泥、聚苯颗粒等多种高分子轻骨料强力复合形成的轻质隔墙板材
优点	① 整体性好 ② 防火 ③ 轻质 ④ 施工便捷
缺点	① 硅酸钙板吸水率大，吸水变软 ② 墙体开裂
适用范围	可用于SPCH 1.0，也可直接用于各种建筑结构的内墙 各类新旧建筑的非承重内外隔墙；有防火、隔声和防潮要求较高的场合；调节小气候系统、被动防火系统；适用于地震烈度8度及8度以下地区
具体做法	见附录A.1.4

（5）发泡陶瓷轻质隔墙板（表 3.4-6）

发泡陶器轻质隔墙板概述、优缺点、适用范围及做法 表 3.4-6

概述	以陶土，陶瓷碎片，河道淤泥，掺合料等作为主要原料，采用先进的生产工艺和发泡技术经高温焙烧而成的高气孔率的闭孔陶瓷材料
优点	① 轻质 ② 变形系数小 ③ 防潮防水 ④ 防火隔热 ⑤ 抗老化 ⑥ 相容性好
缺点	① 质地较脆，在运输、安装过程中易折断、开裂 ② 抹面易鼓包
适用范围	可用于 SPCH 1.0，也可直接用于各种建筑结构的内墙 主要用于建筑物内部隔墙的墙体预制条板，可用作居住建筑防火隔离带，用作外墙外保温系统保温板，宜与基层墙体现浇成一体，也可粘贴上墙
具体做法	见附录 A.1.5

（6）轻钢龙骨隔墙板（表 3.4-7）

轻钢龙骨隔墙板概述、优缺点、适用范围及做法 表 3.4-7

概述	以轻钢龙骨隔墙体系为基础，饰面材料选择多样，即满足了空间分隔的灵活性，也替代了传统的墙面湿作业，实现了隔墙系统的装配式安装； 饰面材料的安装方式可整板安装，也可拼装，在材料纵向拼装的接口处以腰线构造处理，既提高了安装效率和精度，也增加了设计的多样性； 饰面材料可选用硅酸钙墙板体系、铝合金复合墙板体系、企口竹纤墙板体系等
优点	① 安装简便、施工快 ② 荷载小 ③ 实现管线与结构分离 ④ 易于维修涂装板自带饰面 ⑤ 免除墙面处理、易于拆卸、可回收 ⑥ 规格多样、饰面材料选择多样性
缺点	① 对施工工艺也有较高要求，只能做直线条，不适合做特殊造型 ② 面板可选用材料有限
适用范围	可用于 SPCH 2.0，也可直接用于各种建筑结构的内墙 内墙，包括分户墙、室内分隔墙、卫生间和厨房隔墙等墙体壁面，并适合吊挂各种物件，如空调、热水器、暖气片、吊柜等
具体做法	见附录 A.1.6

（7）其他

为满足 SPCH3.0 对灵动性的要求，开发了模块化、智能化及高度集成的可拼装智能隔墙系统，设计及介绍详见第 4.1 节。

2. 地面系统

依据空间灵动家代系的不同要求，对地面系统进行调研及集成：

（1）垫层＋饰面（表 3.4-8）

垫层＋饰面做法 表 3.4-8

类别	做法一	做法二
概述	楼板上直接铺设轻骨料混凝土垫层，干硬性水泥砂浆作为结合层	楼板上水泥砂浆找平，聚苯乙烯泡沫板作为绝热层，细石混凝土（中间配散热管），采用干硬性水泥砂浆与饰面层结合
优点	工艺成熟	
缺点	① 现场湿作业，费水费电费材不环保 ② 精度低、质量不容易保证 ③ 施工周期长 ④ 楼板荷载重	
适用范围	可用于 SPCH 1.0～3.0，适用于户内不采暖或采用散热器采暖的情况 住宅、酒店、公寓等居住建筑均适用	
具体做法	见附录 A.2.1	

（2）干式地暖模块＋饰面（表 3.4-9）

干式地暖模块＋饰面做法 表 3.4-9

概述	楼板上水泥自流平找平层，铺设采暖模块，蓄热面板储存热量，最上层铺设饰面层
优点	① 大幅度减轻楼板荷载 ② 保护层的平衡板热效率高 ③ 支撑结构牢固耐久且平整度高 ④ 作业环境友好，无污染、无垃圾 ⑤ 施工周期短
缺点	造价略高
适用范围	可用于 SPCH2.0～3.0，适用于户内采用地暖模块采暖的情况 住宅、酒店、公寓等居住建筑均适用
具体做法	见附录 A.2.2（采暖地区）

（3）地脚螺栓架空＋干式地暖模块＋饰面（表 3.4-10）

地脚螺栓架空＋干式地暖模块＋饰面做法 表 3.4-10

概述	楼板上架空找平层，铺设轻薄型架空地暖模块，最上层铺设饰面层
优点	① 大幅度减轻楼板荷载 ② 保护层的平衡板热效率高 ③ 支撑结构牢固耐久且平整度高 ④ 作业环境友好，无污染、无垃圾 ⑤ 施工周期短
缺点	① 造价略高 ② 架空层易出现空鼓感
适用范围	可用于 SPCH2.0，适用于户内采用地暖模块采暖的情况 住宅、酒店、公寓等居住建筑均适用
具体做法	见附录 A.2.3（采暖地区）

3. 顶面系统

依据空间灵动家代系的不同要求，对顶面系统进行调研及集成：

（1）粉刷顶板（表 3.4-11）

粉刷顶板做法   表 3.4-11

概述	楼顶板粉刷石膏基层找平腻子，再粉刷饰面层
优点	工艺成熟
缺点	① 现场湿作业，费水费电费材不环保 ② 精度低、质量不容易保证 ③ 施工周期长
适用范围	可用于 SPCH1.0～3.0，适用于户内免吊顶的区域 住宅、酒店、公寓等居住建筑均适用
具体做法	见附录 A.3.1（卧室、客厅、书房等起居空间）

（2）模块化集成吊顶（表 3.4-12）

模块化集成吊顶做法   表 3.4-12

概述	楼顶板轻钢龙骨吊顶架空层，再 UV 包覆吊顶板面层
优点	① 龙骨与部品之间契合度高，牢固耐久且平整度高 ② 施工简单，易检修
缺点	造价略高
适用范围	可用于 SPC H1.0～3.0，适用于户内需要做吊顶的区域 住宅、酒店、公寓等居住建筑均适用
具体做法	见附录 A.3.2（厨房、卫生间）

4. 集成厨卫及其他

集成厨房、卫浴、集成收纳是内装系统中的重要集成产品，也有许多企业做了很多研究，空间灵动家可根据代系及具体项目的需要进行选择与应用：

（1）集成厨房（表 3.4-13）

集成厨房产品   表 3.4-13

概述	地面、吊顶、墙面、橱柜、厨房设备及管线等通过设计集成、工厂生产，在工地主要采用干式工法装配，综合考虑橱柜、厨具及厨用家具的形状、尺寸及使用要求，整体配置、高效的布局
产品特征	由集成吊顶、装配式墙面、地面系统厨房部品组成的独立封装产品。墙板表达效果丰富；橱柜一体化设计，规格多样；油烟分离系统、预设柜体加固、无缝构造墙板、易于维护打理
具体做法	见附录 A.4.1

（2）集成卫生间

采用建筑部品并通过技术集成，在现场装配的卫生间。

本书按照不同技术类型对市场主流集成式卫生间进行归纳整理，具体工程可依据产品代系及需求定位合理选用。目前市场上主流整体卫浴技术可分为以下几类（表 3.4-14）：

市场上主流整体卫浴技术产品　　　　　　　　　　　　　　表 3.4-14

类型	产品特征	具体做法
SMC 一体成型卫浴①	① 工厂加工，整体模压成型，精细化度高 ② 干法施工，"搭积木"式安装，4～8h 即可完成一套整体浴室的安装，干净卫生快捷 ③ SMC 材料，分子结构紧密，表面没有微孔，不藏污垢，圆弧边角设计，全方位无死角，卫生清洁 ④ 整体浴室底盘一次模压成型，独特翻边锁水设计防止外漏，无需任何特殊的维护工作 ⑤ 重量轻，敲击空鼓感较明显，无法自由钉挂重物	见附录 A.4.2
蜂窝铝板底盘＋蜂窝铝板壁板②	① 太空舱整体浴室采用铝芯蜂窝通过聚氨酯低发泡复合玻璃纤维，在工业模具状态 ② 在工业模具状态下整体复合瓷砖、人造石、玻璃钢、VCM 覆膜钢板等不同面材做成基本墙体和天花、底盘等部件 ③ 天花、底盘一次成型，自成一体，工业化程度高、质量有保障 ④ 干法施工，标准产品 2 个工人一天可安装两套	
SMC 底盘＋轻钢龙骨隔墙③	① 由集成吊顶、装配式墙面体系地面淋浴房，卫柜、暖风霸以及洁具五金等部品组成的独立封装产品 ② 不开裂不渗漏、防水耐磨、保温易洁、极速安装、专利收边、拆改方便 ③ 工业化柔性整体防水底盘；专用地漏；墙板嵌入止水条 ④ 任意几何形状的卫生间均可适用，自由灵活度高	
GRC 底盘＋轻钢龙骨隔墙④	① 底盘 3D 打印一体成型 ② 结构之间采用公母扣构件连接，实现结构性防水 ③ 采用汽车级防水胶圈 ④ 底盘较 SMC 整体底盘重	

（3）整体收纳（表 3.4-15、表 3.4-16）

整体收纳要求与做法　　　　　　　　　　　　　　表 3.4-15

设计要求	① 整体收纳的外部尺寸应结合住宅使用要求合理设计 ② 容纳整体收纳的墙体空间，宜在设计阶段予以定位 ③ 收纳空间长度及宽度净尺寸宜为分模数 M/2 的整数倍数 ④ 入墙式收纳空间的平面优先净尺寸系列宜满足表 3.4-16
具体做法	见附录 A.4.3

入墙式收纳空间平面优先净尺寸（mm）　　　　　　　　　表 3.4-16

	优先净尺寸
深度	350、400、450、600、900
长度	900、1050、1200、1350、1500、1800、2100、2400

---

① SMC 一体成型卫浴可采用禧屋、科逸、一天集成、华科住宅等整体卫浴企业产品。
② 以蜂窝铝板为基材的集成式卫生间可采用广州鸿力等企业产品。
③ SMC 底盘＋轻钢龙骨墙面卫生间可采用品宅、科逸等企业产品。
④ 该类卫生间可采用莎丽等企业产品。

（4）可变家具（表 3.4-17）

可变家具特点 表 3.4-17

概述	对于有多种功能空间使用要求的小户型，SPCH 可采用可变家具实现功能空间的分时复用多重场景；对于有层高条件的居住产品，如 LOFT 等，也可结合可折叠楼板、可隐藏楼梯等的部品，实现高度方向的复用空间
优点	① 利用家具部品实现同一空间下的分时段复用，提高空间利用率，节省空间 ② 一件家具能实现多件家具的功能
缺点	① 不同功能之间转换需要及时整理收纳 ② 价格较高
适用范围	适用于 SPCH 全系列中的中小户型
具体做法	见附录 A.4.4
备注	可变家具的几种常见变化方式包括隔墙与柜子、床与沙发、床与柜子、沙发与柜子、桌子与柜子、凳子与桌子、凳子与柜子、凳子与茶几、茶几与桌子、不同尺寸的桌子之间的变化等。此外还有一件家具变多件家具的产品组合[1]。家具的变化和移动带来卧室与起居室、卧室与餐厅、书房与餐厅、书房与卧室、卧室与衣帽间等空间的切换

3.4.2 结构体系

空间灵动家对结构专业的核心诉求是创造极简的结构空间，从而为建筑空间的灵活可变提供基础条件。空间灵动家的结构体系，可分为水平构件、竖向构件、基础三部分。其中水平构件是创造大空间的关键。

1. 水平构件

由于空间灵动家需要结构提供无梁无墙（柱）的大空间，其水平构件跨度远大于常规混凝土楼板的经济跨度。本节所述典型大跨度楼板体系，适用于空间灵动家的各个代系，按其工业化程度由低到高依次为：现浇混凝土预应力楼板、现浇混凝土空心楼板、预应力混凝土钢管桁架叠合板（PK-Ⅲ板）[2]、预制大跨度预应力空心板（SP 板[3]）。

（1）现浇混凝土预应力楼板（表 3.4-18）

现浇混凝土预应力楼板特点 表 3.4-18

概述	预应力混凝土是在构件使用（加载）以前，预先给混凝土施加预压力，即在混凝土的受拉区内，用人工加力的方法，将钢筋进行张拉，利用钢筋的回缩力，使混凝土受拉区预先受压。由于采用高强度材料，其钢筋用量和构件截面尺寸可相应减少或减小，对大跨度结构有着明显的优越性。现浇混凝土预应力楼板一般采用后张法，在现场预留预应力孔道后浇筑混凝土楼板（详见附录图 B.1-1），并待混凝土达到一定强度后张拉预应力钢筋形成大跨度楼板体系

---

① 产品代表：麻省理工媒体实验室（MIT Media Lab）和设计师 Yves Béhar 合作的智能家具 Ori Systems、"必革家"产品系列等。

② 该板为山东万斯达建筑科技股份有限公司产品。

③ 代表产品为采用美国 SPANCRETE 机械制造公司的挤压机生产的预应力空心板。

优点	① 自重轻 ② 双向传力 ③ 可有限地实现局部降板
缺点	① 工序较为复杂 ② 施加预应力导致工期加长 ③ 预应力张拉设备有进场费，对小规模项目每平方米摊销费用较高 ④ 全部工作均在现场完成，人工需求高，难以实现工业化
跨高比	对于两边支承或按单向受力设计的楼板，其跨高比（即板跨度与板厚之比）约为 35，对 11m 跨度的项目，所需板厚约为 320mm。对周边支承的双向板，其跨高比约为 40，对 11m 跨度的项目，所需板厚约为 280mm
典型节点	根据结构传力特点，可将楼板的局部降板分为两种情况： 第一种情况，局部降板高度一般不超过 1/3 板厚（实际工程中一般降板只有 30~50mm），在结构计算时可视为平板，即不考虑局部降板对板整体内力分布的影响，楼板局部等厚下沉，钢筋弯折通过，详见附录图 B.1-2。 第二种情况，局部降板位置板面高差大于 1/3 板厚时，需要结合降板范围以及预应力筋分布情况，对楼板进行应力分析，并对降板周边采取设置暗梁等构造加强措施，其做法详见附录图 B.1-3

（2）现浇混凝土空心楼板（表 3.4-19）

现浇混凝土空心楼板特点　　　　　　　　　　　　　　表 3.4-19

概述	现浇混凝土空心楼盖是用轻质材料内模具以一定规则排列并替代实心楼盖一部分混凝土而形成空腔或者轻质夹心，使之形成空腔与暗肋，构成空间蜂窝状受力结构。现浇混凝土空心楼盖技术减轻了楼盖自重，又保持了楼盖的大部分刚度与强度，同时板底为平整面，有利于建筑美观，详见附录图 B.1-4
优点	① 自重轻 ② 双向传力 ③ 构造相对简单 ④ 保温、隔声效果良好 ⑤ 内模具可工业化生产
缺点	① 不加预应力的情况下厚度偏大 ② 施加预应力的工期较长
跨高比	现浇混凝土空心楼盖本质上与减轻了自重的双向板相似，楼板的跨高比（即板跨度与板厚之比）与双向板接近，可按 35 考虑，11m 跨度时板厚约为 320mm。在板厚允许的条件下，常规荷载下最大跨度可达 20m
典型节点	在楼板临近支座的区域，需要有一定的实心区域，其大小详见附录图 B.1-5。 空心楼板内模（填充体）的常用形式有箱体内模和筒芯内模，详见附录图 B.1-6、图 B.1-7

（3）预应力混凝土钢管桁架叠合板（PK-Ⅲ板）（表 3.4-20）

预应力混凝土钢管桁架叠合板（PK-Ⅲ板）特点　　　　　　表 3.4-20

概述	预应力混凝土钢管桁架叠合板由 C40/C50 混凝土底板、1570 级/1860 级的预应力钢丝和钢管混凝土桁架组成，底板厚度 35mm、40mm，标准宽度 1.5~3.0m。钢管桁架上弦杆采用钢管灌注微膨胀高强砂浆，腹杆采用 HPB300 级钢筋，与现浇层共同作用形成叠合板，详见附录图 B.1-8

续表

优点	① 预制构件自重轻 ② 可实现双向传力 ③ 底板构件工厂预制，品质稳定 ④ 现场密拼，施工速度快，工期短 ⑤ 成品板底平整
缺点	① 存在拼接接缝 ② 较大跨度（9~12m）实际应用案例较少，有待进一步验证 ③ 不能实现局部降板
跨高比	预应力混凝土钢管桁架叠合板传力形式与整体现浇板相似，楼板的跨高比（即板跨度与板厚之比）与现浇板相近，可按 35~40 考虑，11m 跨度时板厚约为 320mm
典型节点	预应力混凝土钢管桁架叠合板在支座位置节点详见附录图 B.1-9

（4）预制大跨度预应力空心板（SP 板）（表 3.4-21）

预制大跨度预应力空心板（SP 板）特点　　　　　表 3.4-21

概述	大跨度预应力空心板（以下简称 SP 板）是采用先张法在工厂生产的预制预应力混凝土构件。为增加刚度、整体性及承载能力，可在 SP 板上浇筑一层混凝土叠合层，并在叠合层内配置钢筋形成叠合板。SP 板以单向受力为主，另一方向通过板缝间的构造连接可协调相邻楼板变形，详见附录图 B.1-10
优点	① 自重轻 ② 构件采用长线台生产，品质稳定 ③ 现场拼装，施工速度快，工期短 ④ 可以实现局部楼板开洞
缺点	① 存在拼接接缝 ② 单向传力 ③ 相邻构件不同反拱量可能造成板底拼缝不平整
板厚	参照图集《SP 预应力空心板》05SG408、《大跨度预应力空心板》13G440，将荷载布置、板跨、板厚、支座梁的最小截面要求列于附录表 B.1-1 及附录表 B.1-2，可供初步设计阶段选用
典型节点	不同厚度的 SP 板，其空心形状不同，以 250mm 厚 SP 板为例，其截面尺寸详见附录图 B.1-11 SP 板局部开洞做法详见附录图 B.1-12 在 SP 板的非支承边与支座相连处，需设置构造钢筋以保证楼板能协调主体结构变形，为主体结构提供足够的刚度。构造钢筋一般采用附录图 B.1-13 所示做法

2. 竖向构件

剪力墙等竖向构件，在建筑物中主要承受竖向荷载（重力）以及水平方向的风荷载和地震作用，是结构体系中的关键部分。传统的剪力墙施工方式均为现场绑扎钢筋笼、支设模板并浇筑混凝土，随着近年来我国对装配式建筑的大力推广，预制剪力墙体系不断完善，预制剪力墙的形式也逐渐变得多样化。不同形式的预制剪力墙，其特点也不尽相同，有的偏重于提供较高的预制率，有的更注重结构整体性，有的侧重于工业化生产，有的侧重于提升施工效率。

无论是现浇剪力墙还是预制剪力墙，只要其设计满足国家相应规范、规程要求，并且在剪力墙的布置上满足建筑功能要求，均可作为空间灵动家的竖向构件。不同形式的剪力墙，应结合其自身特点设计对应的节点，按工业化程度由低到高，常用的剪力墙形式有以下几种：

（1）现浇剪力墙

现浇剪力墙结构为传统住宅最常用的结构形式，剪力墙在其自身平面内刚度大，能有效控制水平荷载产生的位移。在我国，经过常年的工程实践，已经积累了相当丰富的设计、施工经验，是相当成熟的竖向抗侧力构件。

空间灵动家的竖向构件，当采用现浇剪力墙时，只要注意结构布置满足前文所述的原则，其余设计计算及构造与传统现浇剪力墙无异，此处不再赘述。

（2）预制实心墙体系

1）特征

预制实心剪力墙为传统装配式建筑中通常采用的构件，其特点是在工厂预制剪力墙，在现场通过灌浆套筒连接剪力墙水平接缝位置钢筋，剪力墙竖向接缝位置则通过后浇段连接。

水平接缝（即上下层剪力墙接缝）部位，通过 $10\sim20$mm 厚灌浆料连接，无连续浇筑的混凝土层，是建筑防水的薄弱部位，特别是外墙的水平接缝，其施工质量和防水性能应予以重点关注。通过灌浆套筒连接的钢筋，由于现有的技术手段还不能做到对套筒内灌浆质量（如饱满度）进行后检测，故需要严格进行施工过程管理，以保证建筑结构的整体性能及质量。

2）主要结构构件

预制实心剪力墙主要有预制实心剪力墙、预制夹心保温实心剪力墙两类，详见附录 B.2.1。

（3）装配式整体叠合结构

1）特征

由三一筑工科技有限公司主导研发的"装配式整体叠合结构成套技术"，其主要竖向构件包含叠合墙和叠合柱，均为在工厂预制带空腔的预制墙、柱，现场通过在空腔内放置连接钢筋并浇筑混凝土将构件拼接成整体，最终实现结构整体受力。

该体系在预制构件接缝部位均存在连续浇筑的混凝土，结构性能、防水性能均优于传统装配式结构。其连接钢筋可检测，从而使主体结构性能有可靠保证。该技术体系在受力上可完全等同于现浇结构，相关计算分析方法可采用现浇剪力墙已有的成熟做法。

2）主要结构构件

装配式整体叠合结构成套技术的剪力墙主要由预制空心墙（详见附录图 B.2-3）和预制夹心保温空心墙（详见附录图 B.2-4）组成。其中预制空心墙可用于内墙或外墙，预制夹心保温空心墙主要用于有保温要求的外墙。

3. 基础

基础是位于建筑物最下部的承重构件，它承受建筑物的全部荷载，并将其传递到地基上。基础的类型与建筑物上部结构形式、荷载大小、地基的承载能力、地基土的地质条件、水文情况、基础选用的材料性能等因素有关，构造方式也因基础形式及选用材料的不同而不同。

空间灵动家建筑由于上部结构竖向构件布置于户型周边，当采用筏板基础时，会导致基础跨度较大，厚度及配筋增加，施工困难。设计时可通过在地下室增加部分剪力墙，利用地下室刚度，将基础筏板分隔成跨度较小的板块，从而减小筏板厚度及配筋。

3.4.3 给水排水系统

空间灵动家给排水系统根据建筑户型的灵动变化，集成给排水系统相关技术方案，满足不同户型不同用户舒适使用的生活需求，以及户型灵动时用户方便、快捷的改动需求，采用工业化手段，为用户创造自由舒适的居住环境。

1. 给水系统

空间灵动家住宅户内给水系统主要有卫生间给水系统、厨房给水系统、种植阳台灌溉系统。下面通过户内给水管道的供水方式、净水系统、阳台灌溉系统以及不同建筑地面做法给水管道的敷设方式、给水管材选取等方面分别说明。

（1）户内生活给水的供水方式

户内生活供水方式根据是否设置分（集）水器，可分为分（集）水器供水、非分（集）水器供水（表 3.4-22）。

户内生活供水方式

表 3.4-22

系统名称	分（集）水器供水	非分（集）水器供水
概述	① 在给水管入户后设置分（集）水器供水，设置位置一般位于厨房橱柜下方 ② 分水器分出若干路给水支管，分别供应各卫生间及厨房用水 ③ 给水支管多采用 PE-RT 管材，该管材具有良好的柔韧性，易于弯折	① 给水管入户后，在需要用水的位置设置给水三通，接分支给水管供应各卫生间及厨房用水 ② 给水管材多采用 PP-R 管或 PE-RT 管
优点	① 各用水点水压均衡，可提高用户舒适度 ② 接口只存在于分水器和用水点上，方便检修，可减少漏水风险	① 给水管道数量少 ② 成本较分（集）水器供水低
缺点	① 分水器后给水支管增多，增加造价 ② 分水器安装后不宜再改动位置，限制了户型在此处的灵动	① 各用水点间水压会互相影响，舒适性差 ② 在给水三通处有管道接口，存在漏水风险
适用范围	① 适用于户内有多个用水房间，要求使用时水压稳定及地面采用架空地面的建筑物 ② 适用于 SPCH 2.0 住宅	适用于 SPCH1.0、3.0 住宅

（2）住宅净水系统

水质的好坏和每个家庭成员的健康密切相关，同时对卫生器具的使用寿命和使用效果有较大影响，因此在空间灵动家推荐配置有生活用水净水系统，根据其组成部件的不同，可分为住宅全屋净水系统和小型一体化净水器（表3.4-23）。

住宅净水系统分类　　　　　　　　　　表 3.4-23

系统名称	住宅全屋净水系统	小型一体化净水器
概述	成套组合设备，设置于机房内，主要包括前置过滤器、中央净水机、中央软水机、终端直饮机	一体化小型设备，设置于厨房洗涤池下方，采用专用净水龙头，满足平时饮水及煮饭需求，一次设计时需预留电源插座
优点	① 供水量大，可以覆盖饮、食、洗、浴全方面需求 ② 更安全健康，提升生活质量	① 设置灵活，安装方便 ② 价格便宜
缺点	① 造价高 ② 适用于大户型 ③ 管道较多，不适合改造类项目	处理水量较小
适用范围	可根据水质及项目需求设置净水组件组合、适用于大户型 SPCH 3.0 住宅	适用于小户型或仅满足厨房净水的 SPCH 1.0、2.0 住宅
具体做法	见附录图 C.1-1	见附录图 C.1-2

（3）阳台灌溉系统

在南方地区的住宅建筑阳台多采用开敞式种植阳台，设置阳台智能自动滴灌系统，形成空中花园，给住宅提供更多的绿化美化和装饰效果。可用于种植阳台的自动浇灌系统有滴灌系统和喷灌系统（表3.4-24）。

阳台灌溉系统分类　　　　　　　　　　表 3.4-24

系统名称	滴灌系统	喷灌系统
概述	采用低压管道系统，灌溉水成点滴、缓慢、均匀而又定量地浸润作物根系最发达的区域，使作物主要根系活动区的土壤保持在最优含水状态的一种灌溉技术	采用相对高压的管道系统，经管道输送至喷头，并由喷头将水射出，均匀地散成细小水滴对作物进行灌溉的节水型灌溉技术
优点	① 两者均是节水灌溉技术，滴灌几乎没有深层渗漏，比地面直灌省水 30%～50%，比喷灌省水 15%～25% ② 可设置定时装置，自动灌溉 ③ 可实现手动、自动及远程手机 APP 控制 ④ 滴灌不破坏表面土质结构	
缺点	滴头易结垢和堵塞，对水源要求比较严格	喷灌易造成阳台溅水
适用范围	适用于 SPCH 3.0 住宅开敞绿化种植阳台	适用于 SPCH 3.0 住宅大型开敞绿化种植阳台
具体做法	见附录图 C.1-3	

（4）给水管道敷设

空间灵动家户内给水管道敷设与建筑内装做法关系密切，根据其墙面、顶棚、地面做法及厨卫部品部件的不同，给水管道敷设、管材选用及管件连接方式有不同的做法要求。

给水管线的敷设应与建筑、内装专业相协调，确定明装和暗敷区域，明装时应采用美观、不易老化的管材并进行防结露保温处理。暗敷时则应选择对建筑美观及装修影响小的位置进行布置，并应要求建筑、内装专业预留管槽并做必要的装饰设计。

住宅给水入户管管径通常为 DN20，敷设于地面垫层或架空层内。管线定位尺寸应符合建筑基本模数或分模数，客厅冷、热水管布置宜距墙边 100mm，冷、热水管中心间距宜 100mm；给水管道一般不应布置在卧室内。

下面根据不同的建筑内装做法来分别说明给水管道敷设的做法特点：

1）建筑地面做法采用垫层＋饰面时给水管道敷设（表 3.4-25）

垫层＋饰面给水管道敷设做法 表 3.4-25

概述	① 给水管道敷设在垫层内，当房间内不设置采暖管道时，建筑垫层厚度不应小于给水管道连接件外径，一般不小于 50mm ② 当设置采暖管道，建筑垫层厚度需考虑采暖管道与给水管道一层交叉，一般不小于 70mm ③ 当建筑楼板采用叠合板或 SP 板等有后浇叠合层的楼板时，局部交叉的位置可采取在楼板后浇层预留给水管槽的方式敷设，管槽深度不宜大于 20mm，此时，建筑垫层厚度可适当减少
优点	传统做法，造价低
缺点	① 采用湿法施工，不环保 ② 给水管道漏点不易查找，不便维修
适用范围	适用于 SPCH 1.0 住宅
具体做法	见附录图 C.1-4

2）建筑地面做法采用干式地暖模块＋饰面时给水管道敷设（表 3.4-26）

干式地暖模块＋饰面给水管道敷设做法 表 3.4-26

概述	① 给水管道在地暖模块的保温层内沿内隔墙角敷设 ② 当给水管道与热水管、地暖管或其他管道局部交叉时，可在楼板后浇叠合层内预留管槽敷设，管槽深度不宜大于 20mm，保温层及开槽总厚度不宜小于 50mm
优点	干式工法施工，管道安装快捷
缺点	造价相对于垫层做法较高
适用范围	适用于 SPCH 2.0、3.0 住宅
具体做法	见附录图 C.1-5

3）建筑地面做法采用地脚螺栓架空＋干式地暖模块＋饰面时给水管道敷设（表 3.4-27）

地脚螺栓架空＋干式地暖模块＋饰面给水管道敷设做法 表 3.4-27

概述	① 户内地面采用架空地面，采暖管道敷设于架空层上方地暖模块内，给水管道敷设于架空层内 ② 架空层的厚度需考虑与电气管道进行一次交叉，一般不小于 70mm
优点	采用干式工法施工，管道安装检修方便
缺点	造价相对于垫层做法较高
适用范围	适用于 SPCH 2.0 住宅
具体做法	见附录 A.2.3

4）预制混凝土墙体给水管道留槽敷设（表3.4-28）

预制混凝土墙体给水管道留槽敷设做法 表3.4-28

概述	① 给水支管可在预制混凝土墙体内预留竖向管槽敷设 ② 一般预留管槽宽30～40mm，深15～20mm，另外管道外侧表面的砂浆保护层不小于10mm ③ 当给水支管无法完全嵌入管槽，需增加墙体装饰面厚度 ④ 因横向开槽易减弱结构强度，故不宜在预制墙体横向开槽
优点	① 可减少管道敷设所需建筑装饰面厚度 ② 在工厂生产阶段预留管槽代替现场开槽，可减少对结构墙体的二次破坏，减少建筑垃圾及材料浪费 ③ 提高现场管道安装效率
缺点	对工厂生产精度要求较高
适用范围	适用采用预制墙体的SPCH 1.0～3.0住宅
具体做法	见附录图C.1-6、图C.1-7、图3.5-28

5）装配式整体卫浴给水管道敷设（表3.4-29）

装配式整体卫浴给水管道敷设做法 表3.4-29

概述	① 给水支管敷设于整体卫浴隔板与卫生间建筑墙体的间隙内，水平冷、热给水干管预留在整体卫浴顶板上方，距离顶板不宜小于150mm，距结构顶板距离约150mm ② 预留DN20截止阀，需预留有足够的操作空间和明示与外部管道的接口位置 ③ 给水管材质可采用PP-R或PE-RT管，户内给水干管与部品水平管道采用热熔连接，当管道为金属管时，采用内螺纹活接连接
优点	① 四周的结构墙体不需再预留管槽，可以提高工厂及现场的效率 ② 装配率高
缺点	造价较传统卫生间高
适用范围	用于SPCH 2.0、3.0住宅
具体做法	见附录图C.1-8

（5）给水管材及接口设计原则

敷设于地面垫层或装配式建筑预制墙板管槽内的给水支管不得有卡套式或卡环式接口；生活给水管若无特定要求，SPCH 1.0、2.0住宅项目户内水表前管道采用钢衬塑（PE）复合给水管，SPCH 3.0住宅项目户内水表前管道采用薄壁不锈钢管。水表后入户冷水采用PE-RT管或S5级PP-R管，热水采用PE-RT管或S3.2级PP-R管。

2. 热水系统

住宅户内生活热水系统根据其热源形式的不同主要可分为太阳能生活热水系统、空气源热泵热水系统、燃气壁挂炉热水系统、电热水器热水系统等。

（1）太阳能生活热水系统

根据现有国家及地方政策法规，大部分城市住宅建筑均推荐采用太阳能生活热水系统，住宅常用的太阳能热水系统形式主要有：集中集热分户储热式太阳能热水系统、分户集热阳台壁挂式太阳能热水系统。

1）集中集热分户储热式太阳能热水系统（表 3.4-30）

<table>
<tr><td colspan="2" align="center">集中集热分户储热式太阳能热水系统</td><td align="right">表 3.4-30</td></tr>
<tr><td rowspan="6">概述</td><td colspan="2">① 一般为间接换热系统，由太阳能集热器，平衡水箱，热水循环泵，管道配件，分户储热水箱，自动控制部分组成</td></tr>
<tr><td colspan="2">② 太阳能集热器集中设置于屋面，分户设置独立的储热水罐，由太阳能集热系统向用户提供热媒，间接加热储热水罐内冷水，当热媒水温达不到使用要求时，可通过水罐内设置的电加热辅助升温</td></tr>
<tr><td colspan="2">③ 当贮水罐设置于阳台上时，可以落地安装或壁挂式安装，阳台地面需设置事故排水地漏；距离用水点超过 15m，热水出水时间超过 15s 时，宜在回水管道设置管道式热水循环泵</td></tr>
<tr><td colspan="2">④ 当贮水罐设置于卫生间内时需要壁挂式安装，需与卫生间吊顶结合设置</td></tr>
<tr><td colspan="2">⑤ 分户贮热水罐的贮水容积可根据使用人数确定，如三口之家可选容积 80L 的储水罐</td></tr>
<tr><td colspan="2">⑥ 辅助热源可以采用电辅热、燃气热水器辅热及空气源热泵辅热</td></tr>
<tr><td rowspan="2">优点</td><td colspan="2">① 集热器集中放置于屋顶，有利于建筑一体化设计</td></tr>
<tr><td colspan="2">② 不受楼间距影响，光照条件件好</td></tr>
<tr><td rowspan="4">缺点</td><td colspan="2">① 介质换热，热效率低，一次热媒循环管路长，不容易实现各层的压力均衡，热损失大</td></tr>
<tr><td colspan="2">② 用水时间不固定，为保证全天候供水，以及补偿长距离循环管道的热损耗，辅助热源能耗高</td></tr>
<tr><td colspan="2">③ 运行管理成本高，节能效果较差</td></tr>
<tr><td colspan="2">④ 公共系统的运行费用均摊到物业费用收取，易与业主产生矛盾</td></tr>
<tr><td>适用范围</td><td colspan="2">适用于用水规模小，建筑层数较少，不具备分户安装太阳能集热器的建筑。
可用于 SPCH 1.0~3.0 住宅</td></tr>
<tr><td>具体做法</td><td colspan="2">见附录图 C.2-1、图 C.2-2</td></tr>
</table>

2）分户集热阳台壁挂式太阳能热水系统（表 3.4-31）

<table>
<tr><td colspan="2" align="center">分户集热阳台壁挂式太阳能热水系统</td><td align="right">表 3.4-31</td></tr>
<tr><td rowspan="4">概述</td><td colspan="2">① 为间接系统，分户设置独立的太阳能集热板及储水罐，集热器与储热水罐之间利用自然热虹吸原理，温差循环，介质与储水罐内冷水间接换热，逐步提升储水罐内水温</td></tr>
<tr><td colspan="2">② 储水罐内集成电加热装置，保证阴雨天气或气候条件差时辅助加热，也可根据用水习惯，灵活设置时间段加热</td></tr>
<tr><td colspan="2">③ 储水罐设置于阳台上落地安装或壁挂式安装，当无热媒循环泵，依靠温差自然循环时，储水罐需壁挂式安装，其底部应高于集热器上沿 300mm</td></tr>
<tr><td colspan="2">④ 集热器的类型可采用平板型集热器或全玻璃真空管集热器</td></tr>
<tr><td rowspan="2">优点</td><td colspan="2">① 可以满足高层住宅各户的使用要求</td></tr>
<tr><td colspan="2">② 各户太阳能系统独立运行，互不干扰，维护方便</td></tr>
<tr><td rowspan="3">缺点</td><td colspan="2">① 集热器与贮水罐通过防冻液进行自然循环热交换，热能散失大，热效率低</td></tr>
<tr><td colspan="2">② 介质加热后挥发，必须定期（1~2 年）填充一次</td></tr>
<tr><td colspan="2">③ 外置的集热器存在坠落隐患，且集热器需要一定角度，一旦楼上坠落物品容易击碎集热器真空管</td></tr>
<tr><td>适用范围</td><td colspan="2">适用于高层住宅建筑。可用于 SPCH 1.0~3.0 住宅</td></tr>
<tr><td>具体做法</td><td colspan="2">见附录图 C.2-3~图 C.2-5</td></tr>
</table>

3）装配式建筑太阳能集热器的安装布置的一般要求

太阳能集热器应作为装配式建筑的一部分与建筑同步设计，其具体安装布置原则，详见附录 C.2.1。

4）空气源热泵热水系统（表 3.4-32）

空气原热泵热水系统 表 3.4-32

概述	利用空气中的热量作为热源，经过冷凝器或蒸发器进行热交换，然后通过循环系统，提取或释放热能，来制取生活热水
优点	① 节能，制造相同的热水量，其使用成本只有电热水器的 1/4，燃气热水器的 1/3 ② 安全环保，通过冷媒介质交换热量进行加热，不需要电加热元件与水接触，没有电热水器漏电的危险，也消除了燃气热水器中毒和爆炸的隐患，没有废气污染，安全和环保系数高
缺点	① 环境适应性问题，其热量来源就是空气热能，正常工作温度在 0～40℃，在冬季气温较低的北方城市，制热效果差 ② 安装问题，空气能热水器会配有效容积 120～200L 的贮水箱，高度在 1.6～1.8m，体积较大，会占用住宅使用空间 ③ 价格高 ④ 结构复杂，维修困难
适用范围	适用于南方地区的 SPCH 1.0～3.0 住宅

3. 排水系统

住宅卫生间的排水形式根据卫生器具排水横支管与结构板的位置关系，可分为异层排水和同层排水，本节主要围绕这两种排水方式在空间灵动家建筑中应用的技术特点进行说明。

（1）卫生间同层排水系统

1）不降板式同层排水系统（表 3.4-33）

不降板式同层排水系统 表 3.4-33

概述	其主要做法是采用后排式坐便器、薄型直通型地漏、在排水立管处设置集中水封装置（如排水汇合器）、利用建筑面层厚度及叠合板后浇层预留槽深度作为排水管的敷设空间，大便器污水直接排放，废水经过集中水封后再排放，通过以上技术手段实现不降板同层排水，用户可以自由的改动卫生间布局
优点	① 降低噪声 ② 减少邻里纠纷 ③ 不需降板，相对于传统的同层排水系统需降板约 300mm，该系统降板为 0mm，不占用下层层高
缺点	不适用非叠合板结构的建筑
适用范围	适用于 SPCH 1.0～3.0 住宅
具体做法	排水汇合器的构造详见附录 C.3.1；系统详细特点及做法详见 4.3.2

2）降板式同层排水系统

降板式同层排水系统，其卫生间多采用现浇降板式结构，降板深度约 300mm，卫生间排水管在降板区域的填充层内敷设。但降板式结构不适用于采用大跨度结构形式的空间灵动家建筑体系，这里不再赘述。

（2）卫生间异层排水系统

当卫生间排水采用异层排水时，结构板应预留卫生器具排水孔洞（预留孔洞尺寸要求详见附录 C.3.2），并应确保受力钢筋不受破坏，当条件受限无法满足上述要求时，土建专业应采取相应的措施。

卫生间异层排水系统主要应用于 SPCH 1.0～2.0 住宅。

（3）拼装式整体卫浴排水系统（表 3.4-34）

拼装式整体卫浴排水系统　　　　　　　　　　　　　　表 3.4-34

概述	① 是以整体防水底盘、墙板、顶板构成整体框架，结合各种功能洁具形成具有洗浴、洗漱、如厕三项基本功能或功能之间任意组合的独立卫生单元 ② 该产品工厂化、系列化、定性化，采用整体设计，现场全部采用干式装配安装 ③ 拼装式整体厨卫目前市场上整体卫浴面层材质非常多样化，可参照附录内装系统 A.4.2 整体卫浴相关说明及图示
优点	① 工期短，安装简单，单个卫生间 2 个工人，大约 4h 安装完毕，现场完全干法施工 ② 减少了湿作业 ③ 具有很好的防水防漏的功能 ④ 产品配套，整体美观，风格统一，方便维护
缺点	① 价格昂贵，其所用材质、设计、做工及物流方面的整体费用较传统卫浴高 ② 空鼓感强、塑料感、装修风格受限
适用范围	**同层排水** ① 当采用 SMC 一体化防水盘等有底部支撑时，由于其底盘需要较高的安装空间，其安装高度在 250mm 左右，卫生间区域需结构降板，适用于卫生间可局部降板的住宅 ② 当其采用如附录 A.4.2-1 所中的地脚支撑的防水底盘时，由于其底部支撑可以根据管道的安装高度调整，当满足不降板同层排水的条件时（管道可敷设空间高度大于 150mm），可采用第 4.3.2 的不降板同层排水技术 适用于 SPCH2.0、3.0 住宅
	异层排水 可适用于大多数采用异层排水的卫生间，需注意以下事项： ① 排水管道连接须待整体卫浴定位后方可进行施工，并且需保证卫生间底板预留孔洞的定位精度，以确保底盘与下层排水管道的顺利安装，一般预留洞口误差不应大于 10mm ② 若污、废合流，所有器具排水汇总为一根 DN100 排水管，排至污水立管；若污、废分流，污、废水管径为 DN100 和 DN50，分别排至污、废水立管 适用于 SPCH 1.0、2.0 采用异层排水的卫生间

（4）排水管材及接口

① 建筑内部排水管道应采用建筑排水塑料管及管件，或柔性接口机制排水铸铁管及相应管件。

② 当采用塑料排水管时，排水立管靠近与卧室相邻的内墙布置时采用 PVC-U 双壁中空消声排水塑料管或聚丙烯静音排水管，应配合消声管件，双壁中空管采用螺帽压紧式连接，聚丙烯管采用橡胶密封圈连接；隔墙应采取隔声措施；其他排污管可采用普通 PVC-U 排水塑料管，承插粘接。PVC-U 管与其他材质塑料管连接时，采用承插粘接或橡胶密封圈连接。聚丙烯管与其他材质塑料管连接时，采用橡胶密封圈连接。

③ 柔性接口机制排水铸铁管安装：明装排水铸铁管采用橡胶圈密封卡箍式连接；暗装可采用橡胶圈密封卡箍式连接或橡胶圈密封法兰机械式连接；埋地敷设采用橡胶圈密封法兰机械式连接。

④ 装配式建筑同层排水管材宜选用 HDPE 排水管材，坡度宜为 0.015，热熔或双胶圈密封连接。当采用 PVC-U 管材时，不应采用粘接，应采用双胶圈密封连接。

⑤ 重力流雨水排水系统多层建筑可采用普通 PVC-U 排水管，外排雨水采用防紫外线

UPVC 排水管。高层建筑雨水排水管材采用镀锌钢管或 PVC-U 排水管。

⑥ 建筑高度超过 100m 的高层建筑内，雨、污排水管应采用柔性接口机制排水铸铁管及其管件。

⑦ 压力流雨水排水系统采用镀锌钢管，卡箍连接。

⑧ 空调冷凝水管采用 PVC-U 排水管，明露的冷凝水管采用防紫外线 PVC-U 排水管。设置小型中央空调的住宅，18 层及 18 层以下的，冷凝水排水立管管径为 DN50；18 层以上的，排水立管管径为 DN75。别墅冷凝水排水立管管径为 DN32。

（5）装配式建筑排水管预留预埋（表 3.4-35）

装配建筑排水管预留预埋　　　　　　　　　　　　　　　表 3.4-35

设计要求	① 穿预制墙体的管道应预留套管；穿预制楼板处不预留套管，仅预留洞口；穿越预制梁的管道应预留钢套管 ② 装配式建筑预制构件上的套管预留应在工厂制作构件的阶段预留完成，不应在构件上剔凿孔洞、沟槽 ③ 在设计时，应结合构件规格化、模数化的要求，向结构专业准确提供预埋套管、预留孔洞及开槽尺寸、定位等；并与结构专业配合，选择对构件受力影响较小的部位，并应确保受力钢筋不受破坏，当条件受限无法满足上述要求时，土建专业应采取相应的措施
具体做法	见附录表 C.3-1、表 C.3-2

3.4.4 暖通空调系统

空间灵动家的暖通空调系统设计根据户型灵动的需求，综合暖通空调专业相关技术，采用工业化的手段，满足不同户型用户供暖通风和空调舒适使用的需求，以及户型灵动时用户方便快捷的改动需求。目前适合空间灵动家的供暖系统、新风系统和空调系统等内容如下。

1. 供暖系统

空间灵动家在户型变化过程中，地面及外围护结构保持不变，适合的供暖系统，主要有混凝土填充式热水地面辐射供暖系统、预制供暖板热水地面辐射供暖系统、碳纤维地面辐射供暖系统、散热器供暖、（踢脚线）环形水暖、热泵型分体空调供暖、（踢脚线）电供暖等。

（1）混凝土填充式热水地面辐射供暖系统（表 3.4-36）

混凝土填充式热水地面辐射供暖系统　　　　　　　　　表 3.4-36

概述	利用水泥砂浆或豆石混凝土作为固定加热管的填充层，现场填充，为湿法施工，由于较干法施工价格便宜，工程项目应用仍较多
优点	① 高效节能、舒适卫生、热稳定性好、热源选择灵活、便于控制和调节、运行维护方便、安全可靠和使用寿命长 ② 由于水的热容量较大、北方地区围护结构（和室内家具）的蓄热特性，使得地暖房间的热稳定性好，考虑节能采取间歇供暖，不会影响供热效果 ③ 与散热器等方式相比增加了房间的有效面积 ④ 虽增加了地面构造层厚度，但可减小上下层之间的噪声干扰 ⑤ 如热源用燃气热水炉，可同时解决居室采暖和生活热水供应问题，不需另外配备热水器

续表

缺点	① 敷设地暖会增加地面构造层厚度，减小房间层高，增加楼板荷载 ② 南方地区的使用情况大多是自主供暖、间断使用，而且非采暖地区外围护结构对保温要求低或无保温要求，使得地暖的蓄热很快散失、再次开启时快速加热能力不足 ③ 造价较高，工程相对复杂；属于隐蔽性工程，可维修性差 ④ 室内家居布置对地板的遮挡，会影响采暖效果
适用范围	① 由于是分户独立系统，故广泛应用在住宅建筑 ② 对于大开间、矮式窗的建筑和热媒温度低的情况，推荐采用地暖方式 ③ 适用于北方地区的 SPCH1.0
具体做法	见附录图 D.1-1

（2）预制供暖板热水地面辐射供暖系统（表 3.4-37）

预制供暖板热水地面辐射供暖系统 表 3.4-37

概述	预制沟槽保温板地面辐射供暖系统、预制轻薄供暖板地面辐射供暖系统是在工厂制作的一体化地面供暖部件
优点	① 厚度约为 30mm，是传统地暖的 1/3，可以减小结构荷载、增加建筑使用空间的高度 ② 由于管径小、密度大，使得散热均匀，较传统地暖热效率高 ③ 为干式施工，做到了管线分离，体现了装配式建筑节材、降低现场扬尘，同时可提高安装效率
缺点	① 需注意木地板与地暖管之间无持力层而导致木地板翘曲变形的情况 ② 需考虑压力和压强的承载、使用均匀度与舒适度的问题
适用范围	① 主要与上述"混凝土填充式热水地面辐射供暖系统"的适用情况相同 ② 另外适合干式施工，具有绿色环保的特点 ③ 适用于北方地区的 SPCH2.0、3.0
具体做法	见附录图 D.1-2

（3）碳纤维地面辐射供暖系统（表 3.4-38）

碳纤维地面辐射供暖系统 表 3.4-38

概述	是一种基于碳纤维带的室内地暖电热系统，通过碳纤维带在低压中导电导热
优点	① 碳纤维导电率高、电阻率低、抗腐蚀、质量轻、直径小 ② 散热均匀、发热快、安全性较高 ③ 碳纤维材料和其他纤维混合做成的碳纤维纸能够工业化生产，可利用该产品进行装配式住宅的供暖 ④ 为干法施工，整个电热地面是可拆卸的柔性材料，有利于检修和变更地面 ⑤ 大大减轻楼面重量，降低楼板传声
缺点	① 经过几年后，会有一定的制热衰减 ② 要注意加热电缆引出线与供电母线的接头绝缘密封问题
适用范围	① 主要与上述"预制供暖板热水地面辐射供暖系统"的适用情况相同 ② 适用于北方地区的 SPCH2.0、3.0
具体做法	见附录图 D.1-3

（4）散热器供暖系统（表3.4-39）

散热器供暖系统	表3.4-39
概述	是一种传统的供暖方式，但仍然有优于地板采暖的地方
优点	① 散热器供暖热惰性小，而且主要是通过对流方式直接加热房间空气，故能在较短的时间内使室温达到设计值 ② 由散热器材质决定其热媒可以使用较高温度水 ③ 散热器系统维修方便、维修费用低
缺点	由于热惰性小，所以降温较快
适用范围	适用于SPCH1.0
具体做法	典型设计示例见附录图 D.1-4

（5）（踢脚线）环形水暖（表3.4-40）

（踢脚线）环形水暖系统	表3.4-40
概述	踢脚线环形采暖系统是热水管与踢脚线一体成型，美观省空间；采用四周环热式水循环供暖，材质为铝镁合金
优点	① 可实现分室温控，分区分时供暖，轻松操控，节省能源费用 ② 与传统的散热片、地暖相比较，不占用房间空间和层高 ③ 不破坏原有装修，安装方便，卡扣式安装 ④ 可与装配式的预制构件结合，安装快捷 ⑤ 利用热空气由下往上流动的物理原理，带动整个房间的温度上升，传热速度快 ⑥ 可以省去普通装饰踢脚线的费用
缺点	由于散热面积有限，不适用于较大户型供暖
适用范围	① 适用于中小户型采暖 ② 适用于 SPCH1.0
具体做法	见附录图 D.1-5

（6）热泵型分体空调供暖（表3.4-41）

热泵型分体空调供暖	表3.4-41
概述	是以环境空气为低位热源的热泵系统，由于空气随处存在且具有流动性，可视为无限大热源，可以较小的代价方便地加以利用；简单易行
优点	① 于侧墙安装，不需要吊顶、方便户内房间重新分隔 ② 行为节能①显著 ③ 南方冬季潮湿寒冷，热泵工况送热风，即开即热，空气温度升高、相对湿度降低，提高人体舒适感 ④ 可调节暖风直达足底，从足部温暖起来，房间温度自下而上均匀分布，提高用户舒适度
缺点	北方冬季室外温度低，制热性能差甚至不能正常工作；长时间开启，耗电严重
适用范围	① 方便预留室外机安装位置和管线孔洞的建筑 ② 在规范有供暖要求的区域，分体空调供暖主要用在过渡季 ③ 南方地区冬季供暖 ④ 适用于 SPCH1.0、2.0
具体做法	见附录图 D.1-6 和图 D.1-7

---

①　是指通过人为设定或采用一定技术手段或做法，使供电、供暖、供水等能耗系统运行向着人们需要的方向发展，减少不必要的能源浪费或有利于节能的行为。

（7）踢脚线电加热器

考虑与空间灵动家 SPCH3.0 开发的模块化、智能化及高度集成的可拼装智能隔墙相结合的供暖方式，在现有落地式电加热器的基础上，改进产品型式，设计及介绍详见4.4.1-2 的内容。

2. 新风系统

空气污染越来越受到人们关注，特别是室外空气污染，有工农业污染、生活污染和风吹扬尘等，雾霾天气也对人们的生活和健康带来不利影响。所以室内空气品质越来越受到人们的重视，在住宅建筑中，可通过设置过滤的住宅新风系统改善室内空气品质。下面介绍几种适用于空间灵动家的新风方式（墙式新风机、窗式新风机、新风机加管路末端系统）。这几种新风方式，均为工业化生产、现场安装，特别是窗式新风机，可与外窗作为一个部件生产和安装。

新风系统与合理的排风系统，可以形成较好的气流组织，从而加强新风效果。负压式新风系统示意图详见附录图 D.2-1。

（1）墙式新风机系统（表 3.4-42）

墙式新风机系统　　　　　　　　　　　　　　　　　　　表 3.4-42

概述	该新风系统，在外墙预留孔洞，新风机安装于孔洞内，在室内无管道，不影响室内空间使用，同时可配置 PM2.5 等过滤芯体、也可以有高效的热回收功能，从而实现室内外空气的置换和净化空气的目的
优点	① 墙式新风机安装简便 ② 噪声小——通风理念是 24h 持续通风，新风机的风量一般都比较小，噪声也非常小，对于日常生活没有任何影响 ③ 维护简单——更换滤芯方式简单 ④ 费用低——电费和滤芯价格不高
缺点	新风换气速度相对慢
适用范围	① 适用于普通住宅，尤其是没有吊顶和架空层敷设管道的住宅、以及已装修的住宅 ② 适用于 SPCH1.0、2.0
具体做法	典型设计示例和安装示意见 3.5.4 图 3.5-33、图 3.5-34 和图 3.5-37

（2）窗式新风机系统（表 3.4-43）

窗式新风机系统　　　　　　　　　　　　　　　　　　　表 3.4-43

概述	新风净化产品与外窗相结合，在窗框与墙体之间安装即可，用户能够根据门窗的风格和宽度，自行选择窗式新风系统的宽度和表面的颜色，在实现无需开窗就可获得健康空气的同时，实现用户的私人定制，达到较好的视觉美观设计
优点	① 采用微正压原理置换室内污浊空气，三层净化过滤，有效去除 PM2.5、甲醛、霉菌、粉尘和异味等 ② 与窗整体合一为室内提升舒适感与美感 ③ 采用低能耗静音贯流风机，填充优质阻燃消声保温材料，有效降低噪声污染，提高保温性能

续表

缺点	新风换气速度相对慢
适用范围	适用于普通住宅，尤其是室内没有装修吊顶或室内装修不希望受新风产品摆放影响的住宅 ② 适用于 SPCH1.0、2.0
具体做法	见附录图 D.2-2 和图 D.2-3

（3）新风机加管路末端系统

底部送新风系统既可以用在传统建筑，也可以重点考虑与空间灵动家建筑的内隔墙相结合，主要特点和典型图示详见 4.4.2 内容。

3. 空调系统

目前住宅建筑常用的空调方式有分体空调器、多联机空调系统、户用空气-水热泵空调系统等。这些空调方式各有特点，其中后两种方式需要设置（局部）吊顶，而分体空调是可以用在空间灵动家的一种空调方式。下面对分体空调进行介绍（表 3.4-44）。

分体式空调 表 3.4-44

概述	是以环境空气为低位冷源的制冷系统，由于空气随处存在且具有流动性，可视为无限大冷源，可以较小的代价方便地加以利用
优点	① 一般侧墙安装，不占用房间层高，行为节能显著 ② 性能好、质量可靠、维修率低、冷量调节方便、行为节能显著 ③ 可以将冷气流引导至房间更远更高位置的空调，冷空气自然均匀下沉，房间温度分布更均匀
缺点	南方地区在夏季短时的炎热空气影响下，冷却散热能效比较低、制冷效果差
适用范围	① 方便预留室外机安装位置和管线孔洞的建筑 ② 可以按照使用者不同的需求个性控制、安装维修方便，所以一般住宅普遍使用分体空调供冷 ③ 适用于 SPCH1.0、2.0
具体做法	见附录图 D.1-6 和图 D.1-7
备注	分体式空调的室外机可安装在预制空调板或设备阳台上，如采用空调钢制支架方式安装，需要在预制外墙上预留安装支架的孔洞

4. 家用空调新风一体机

在满足空间灵动家 SPCH3.0 及以上对灵动性的要求，同时考虑建筑工业化，将空调和新风进行结合，改进和创新现有产品和技术，设计及介绍详见 4.4.3 内容。

5. 装配式建筑管道预留、预埋

管道穿过预制构件，应预留套管，设计应做到结合构配件规格化和模数化，且预制构件上预留的孔洞、套管、坑槽应选择在对构件受力影响最小的部位，与土建专业密切配合。套管的规格应比管道大 1～2 号，如为保温管道，则预埋套管尺寸应考虑管道保温层厚度；立管穿各层楼板的上下对应留洞位置应管中心定位，并满足公差不大于 3mm；墙体为预制构件墙体，需在墙体近散热器侧预留竖向管槽，管槽定位及槽宽应考虑结构设计模数并避让钢筋，一般槽宽 30～40mm、深约 15mm，管道外侧表面的砂浆保护层不得小于 10mm。有的工程在墙内做横向管槽，这种方式易减弱结构强度，因此应尽量避免采用这种方式。在结构构件上的预留预埋，可详见附录图 D.3-1 和图 D.3-2。

3.4.5 电气系统

为实现空间灵动家户型灵活可变与智能化，集成相关技术形成空间灵动家电气系统方案。分为电气管线技术、智能家居技术、无线技术等，如下所述。

1. 电气管线技术

空间灵动家电气管线技术方案集成多种现有技术，并结合空间灵动家的目标、特点与定位，实现空间灵动所需的电气管线系统的灵活变化。

（1）条板隔墙管线技术（表 3.4-45）

条板隔墙管线技术　　　　　　表 3.4-45

概述	条板隔墙上需要暗敷设的电气管线，需要在条板隔墙（如 ALC 板）上开槽敷设，板上开出足够容纳管、盒的浅槽，将电气管线安装在槽内，用水泥砂浆等材料抹平，再利用刮腻子、贴瓷砖等方式修饰墙面，此后接线安装强弱电插座面板完成施工作业
优点	现场布设灵活，对管线与其他构件对接的精度要求低，施工方便
缺点	① 现场湿法施工作业，有粉尘噪声污染，效率低 ② 条板隔墙作为内隔墙时较薄，开槽不宜过深过密，以免产生隔声效果降低、板材开裂等问题
适用范围	① SPCH1.0 ② 采用条板隔墙作为内隔墙的工程
具体做法	见附录 E.1-1

（2）轻钢龙骨管线技术（表 3.4-46）

轻钢龙骨管线技术　　　　　　表 3.4-46

概述	利用轻钢龙骨隔墙内的夹层作为电线管线敷设空间，轻钢龙骨安装后，将线盒通过固定钢条固定在竖龙骨上，电气管线裁切、弯曲并与线盒连接后固定在轻钢龙骨系统上，接线安装强弱电插座面板
优点	施工工艺简单高效，可一定水平地实现装配式施工
缺点	线管的加工多在现场完成，装配式施工水平不是很高
适用范围	① SPCH2.0 ② 采用轻钢龙骨隔墙作为内隔墙的工程
具体做法	见附录 E.1-2

（3）工业化预制楼板电气管线技术（表 3.4-47）

工业化预制楼板电气管线技术　　　　　　表 3.4-47

概述	工业化预制楼板在装配式建筑中广泛应用： ① 当采用叠合楼板时，将接线盒在工厂生产过程中预埋在叠合楼板预制层上，接线盒管口部分凸出预制层；线管敷设在现浇层中；线管在叠合楼板现场吊装后安装绑扎，然后浇筑现浇层混凝土 ② 当楼板采用 SP 板时，将线管敷设在 SP 板上的现浇层中，线管上铺设一层素混凝土作为保护层，接线盒采用在 SP 板抽孔区域开孔安装，接线盒上安装细钢条固定在孔洞内，线管通过接线盒背面管口连接
优点	技术相对成熟，在装配式建筑中应用广泛

缺点	① 有现浇层的湿作业 ② 管材的装配化程度低 ③ 需拆分设计
适用范围	① SPCH1.0～2.0 ② 采用工业化预制楼板的装配式建筑
具体做法	见附录 E.1-3

（4）装配式整体叠合结构电气管线技术（表3.4-48）

装配式整体叠合结构电气管线技术 表 **3.4-48**

概述	管线在工厂生产时预制安装在结构构件空腔内，并绑扎固定在空腔内钢筋网上，构件之间的管线通过预制手孔内的管线接口连接
优点	① 装配化程度高，安装简便高效 ② 与其他装配式建筑管线技术兼容性高，有装配式建筑经验的技术与施工人员可快速掌握
缺点	① 人工拆分构件时效率较低 ② 灌注振捣混凝土时可能破坏线管与接线盒
适用范围	① SPCH1.0～3.0 ② 装配式整体叠合结构体系装配式建筑工程
具体做法	见附录 E.1-4

（5）SI 电气管线分离技术（表3.4-49）

SI 电气管线分离技术 表 **3.4-49**

概述	采用在与支撑体完全分离的双层天花板、架空地板、墙面管线夹层等的填充体内敷设电气管线
优点	① 装配化程度高且提升潜力大 ② 机电管线维护性、灵活性高，可保证住宅在使用寿命当中能够较为便捷地进行内装改造与机电系统的维护升级
缺点	① 需要大面积的管线夹层铺设管线，会减小房间的净高与使用面积 ② 有空鼓感，成本较高，不易被中低端市场接受
适用范围	① SPCH2.0 ② 采用架空体系的住宅、公租房、酒店等项目
具体做法	见附录 E.2

2. 智能家居技术（表3.4-50）

智能家居技术 表 **3.4-50**

概述	智能家居技术以住宅为平台，利用互联网技术、网络通信技术、安全防范技术、自动控制技术、多媒体技术将家居生活有关的设施集成，构建高效的住宅设施与家庭日程事务的管理系统，提升家居安全性、便利性、舒适性、艺术性，并实现环保节能的居住环境
优点	① 智能化与自动化程度高 ② 可极大改善与提升建筑品质、舒适性与附加值 ③ 未来建筑发展的重要趋势，技术前景广阔

续表

缺点	① 智能化与自动化程度较高的智能家居系统成本较高 ② 各个主要的智能家居平台、设备间未实现互联互通 ③ 行业标准、AI 技术、数据安全、系统兼容性等有待完善
适用范围	① SPCH3.0 ② 装配式整体叠合结构体系装配式建筑工程
具体做法	见附录 E.3

3. 无线技术（表 3.4-51）

无线技术 表 3.4-51

概述	无线技术应用于空间灵动家网络通信、照明控制、智能家居的网络数据通信中。根据其技术特点，无线网络通信采用 WiFi，照明控制、智能家居采用 Zigbee、Bluetooth 等；基于 5G 通信技术的 NB-IoT 技术亦有较好的应用前景
优点	① 快捷经济地实现弱电与智能化系统信号覆盖，简化管线 ② 有利于空间可变
缺点	信号不易穿透大片的金属与钢筋混凝土，信号不佳处需设置无线 AP
适用范围	① SPCH1.0～3.0 的网络通信、照明控制系统。SPCH2.0～3.0 的以无线技术为弱电与智能化系统（包括灯具设备等的控制）作为主要信号传输方式 ② SPCH3.0 的智能家居系统
具体做法	见附录 E.4

3.5 空间灵动家应用案例—SPCH1.0

空间灵动家项目的应用首先应根据项目的造价、区域售价、产品档次定位及客户人群等实际情况确定空间灵动家应用代系，再选择相应的技术方案与配套系统。本章以南方某城市空间灵动家 SPCH1.0 版本的应用为实例，探讨空间灵动家的建筑方案设计优化，通过与投资建设方的沟通展示空间灵动家的方案变化过程，以及空间灵动家 SPCH1.0/2.0 配套内装系统及机电管线系统的技术方案。

3.5.1 建筑技术方案

1. 项目概况

（1）项目区位：

本工程为三一集团自主开发项目，位于湖南省某市。

（2）设计规模：

项目净用地面积约 107100m²（约 161 亩），项目总建筑面积为 408426m²，地上总建筑面积为 330851m²，其中：地上计容建筑面积为 326556m²，地下车库及设备房建筑面积为 77575m²。以商品住宅为主，包含 14 幢一类高层住宅、6 幢二类高层住宅，以及小区配套的幼儿园、物管用房、商业配套及地下车库。本工程各住宅楼均采用 PC 预制装配式混凝土技术，符合标准化设计、工厂化生产、装配式施工、一体化装修、信息化管理的工业化建筑基本特征（表 3.5-1）。

装配式剪刀墙住宅技术配置 表 3.5-1

预制夹心外墙	预制内墙（ALC）	叠合楼板	预制女儿墙	预制楼梯	叠合阳台	预制空调板	装饰混凝土饰面	装配式内装修
—	●	●	—	●	●	●	●	●

注：●实施；—不采用。

（3）项目定位

项目所处城市非一线、二线城市，所处区域地价不高，整个居住区均为高层建筑，但是在户型设计上进行差异化配置，面向不同需求的客户群，创造自然景观资源丰富的中高档住宅和高品质人文社区，让人们享受大自然美好景观的同时，也感受到城市生活的美好。

2. 项目土地利用、造价分析及平面优化

（1）土地利用、造价分析

采用空间灵动家方案，住宅层高增加，具体增加高度与户型开间大小有关，层高最大增加 200mm，住宅层高增加是否导致造价升高、土地利用率降低？以本项目为例，具体对土地利用及造价进行分析。

当项目户型方案不采用空间灵动家方案，其住宅层高为 3000mm；当户型方案采用空间灵动家方案，其住宅层高为 3100mm，每层层高增加 100mm，意味着在传统设计方案基础上，每三十层少一层面积，若采用空间灵动家方案本规划方案总计少 25 个单元标准层的面积，对规划方案进行简单调整即可满足空间灵动家要求，具体调整方法是增加西南侧两栋楼的层数（由 15 层改为 22 层），此调整既满足日照条件和容积率的要求，又没有过多的影响小区南侧天际线效果，规划总图变化见图 3.5-1。

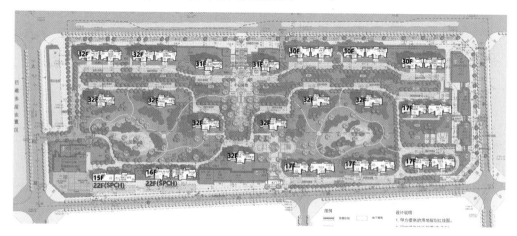

图 3.5-1 规划总图

结论：本项目采用空间灵动家方案对于土地利用影响较小；基于目前空间灵动家其他项目使用情况分析总结，采用空间灵动家的项目对于土地利用率影响较小，90％以上项目对土地利用基本无影响。

对于是否采用空间灵动家方案项目的结构造价，我们也做了一个细致的分析研究，采用空间灵动家方案在主体结构方面主要有以下不同：户内无竖向承重结构，所有承重墙体沿外围布置在三面；采用大跨度楼板，板厚略有增加。

【结论】本项目采用空间灵动家方案对于结构主体及内隔墙造价影响较小，造价略高于传统做法——约48元/m²；基于目前空间灵动家其他项目使用情况分析总结，采用空间灵动家的项目对于造价影响较小，结构主体及内隔墙造价略高于传统做法。

（2）平面优化

阶段一：

项目团队最初是通过一梯多种户型的方式来解决多样化住户的需求，因此提出一梯三户且三户户型均不相同的平面方案，户内剪力墙较多，不利于住户当家庭生命周期发生变化时对居住空间的调整见图3.5-2。

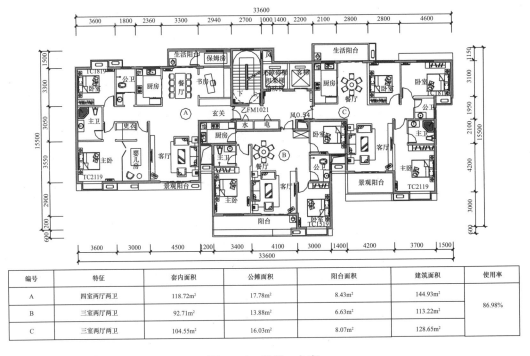

编号	特征	套内面积	公摊面积	阳台面积	建筑面积	使用率
A	四室两厅两卫	118.72m²	17.78m²	8.43m²	144.93m²	86.98%
B	三室两厅两卫	92.71m²	13.88m²	6.63m²	113.22m²	
C	三室两厅两卫	104.55m²	16.03m²	8.07m²	128.65m²	

图3.5-2　阶段一方案

阶段二：

技术团队在上一阶段平面方案基础上进行优化，取消户型内部的承重墙，所有承重墙体沿外围布置在三面；户型轮廓优化，平面形状简单、规则，质量刚度分布均匀，避免过多凹凸见图3.5-3。

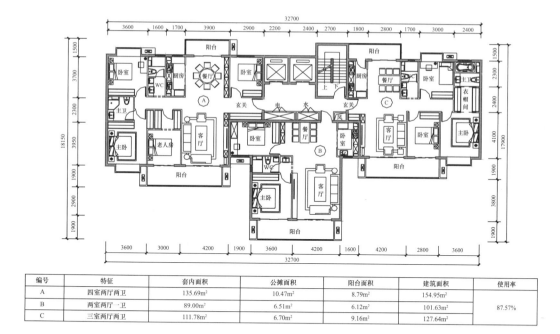

编号	特征	套内面积	公摊面积	阳台面积	建筑面积	使用率
A	四室两厅两卫	135.69m²	10.47m²	8.79m²	154.95m²	
B	两室两厅一卫	89.00m²	6.51m²	6.12m²	101.63m²	87.57%
C	三室两厅两卫	111.78m²	6.70m²	9.16m²	127.64m²	

图 3.5-3 阶段二方案

阶段三：

项目团队受阶段二平面优化启发，提出一梯两户平面方案，户内无承重墙，有利于住户后期功能调整，但两户户型不同，标准化较低见图 3.5-4。

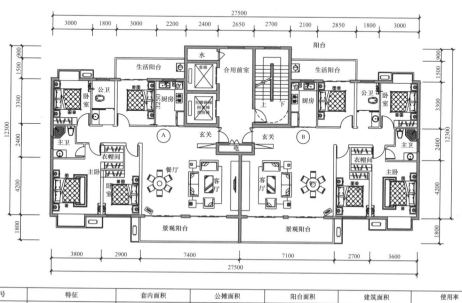

编号	特征	套内面积	公摊面积	阳台面积	建筑面积	使用率
A	四室两厅两卫	126.20m²	25.65m²	17.34m²	160.52m²	
B	四室两厅两卫	122.17m²	24.83m²	16.42m²	155.21m²	78.62%

图 3.5-4 阶段三方案

阶段四：

项目团队在阶段三平面方案的基础上进行优化，统一一梯两户户型，标准化提高，提高了经济效益见图3.5-5。

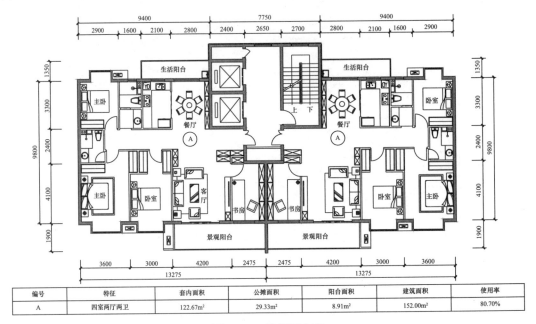

编号	特征	套内面积	公摊面积	阳台面积	建筑面积	使用率
A	四室两厅两卫	122.67m²	29.33m²	8.91m²	152.00m²	80.70%

图 3.5-5 阶段四方案

阶段五：

在阶段四平面方案的基础上再次进行优化，优化户内空间和核心筒，提高户内舒适度和户型得房率见图3.5-6。

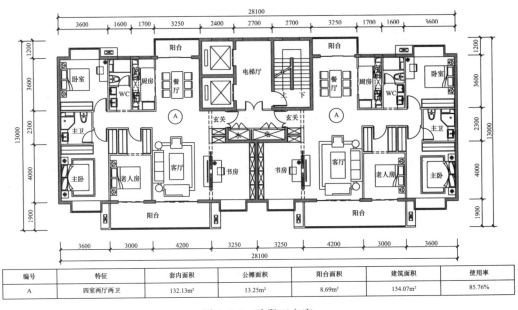

编号	特征	套内面积	公摊面积	阳台面积	建筑面积	使用率
A	四室两厅两卫	132.13m²	13.25m²	8.69m²	154.07m²	85.76%

图 3.5-6 阶段五方案

阶段六：

项目团队经过市场调研和内部研究，最终在阶段五平面方案基础上优化确定最终方案见图3.5-7。

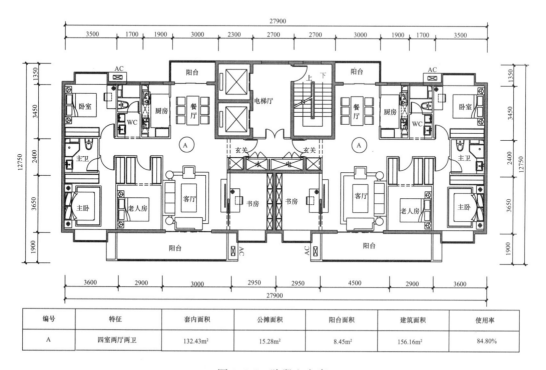

编号	特征	套内面积	公摊面积	阳台面积	建筑面积	使用率
A	四室两厅两卫	132.43m²	15.28m²	8.45m²	156.16m²	84.80%

图 3.5-7　阶段六方案

阶段七：

在最终平面方案的基础上进行灵动户型方案设计。

户型方案一：二人世界

为年轻夫妻打造社交娱乐大本营；主卧套房融合了书房、主卫，满足年轻人轻奢个性；中西厨与生活阳台结合为家庭派对提供场所；独立的娱乐区作为主人与朋友尽情欢聚的聚会区；户外阳台为主人提供休闲活动区见图3.5-8。

户型方案二：SOHO家

为有一定梦想的年轻人打造创业孵化地。在创业初期作为工作室，除了保留一间卧房，把其余空间作为创业办公的场所，容纳十余人的小型创业团队、会议室、一间独立办公室、住宅的厨房区可以作为茶水间及休息洽谈讨论区见图3.5-9。

户型方案三：孩子出生

一种幸福叫三口之家，随着宝贝的出生，父母过来帮带孩子，对生活空间的要求自然更高；动静分区设计，灵活有度、双卫设计，减少相互间的干扰，容纳每个人的生活起居见图3.5-10。

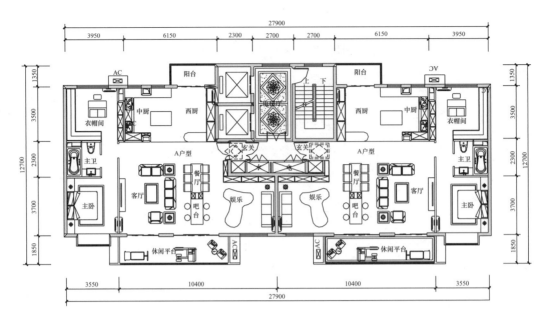

图 3.5-8 阶段七方案一

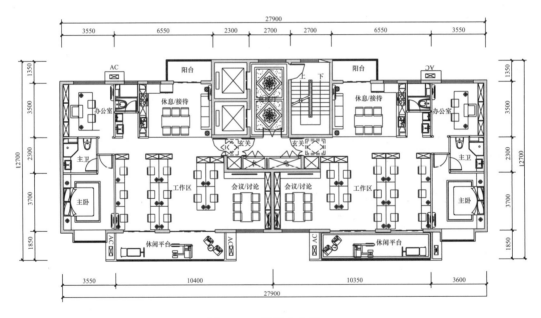

图 3.5-9 阶段七方案二

户型方案四：三口之家

夫妻两人加正在上学的孩子，两代人生活的私密性与舒适度都要保证，同时考虑孩子和家人交流需求，因此，为男主人设置了独立的品茶室兼书房；半开放厨房设计，任女主人发挥厨艺；儿童活动区为孩子提供娱乐空间见图 3.5-11。

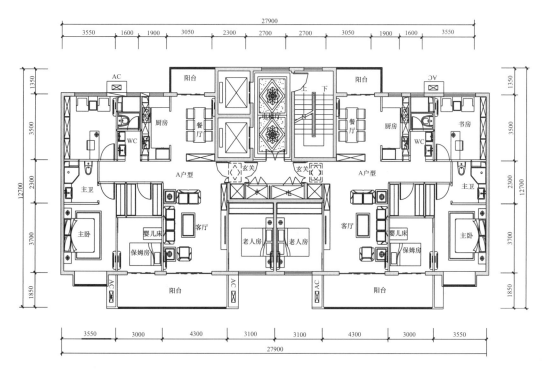

图 3.5-10 阶段七方案三

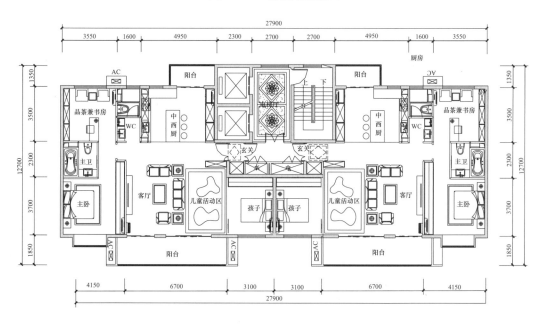

图 3.5-11 阶段七方案四

户型方案五：四口之家

二胎政策开放，家庭成员再增加，相应居住空间不断升级改造，既保证了两个孩子共同成长空间，又保证两代人生活私密性与舒适度，一个空间里赋予多种功能，打造紧凑的多功能之家见图 3.5-12。

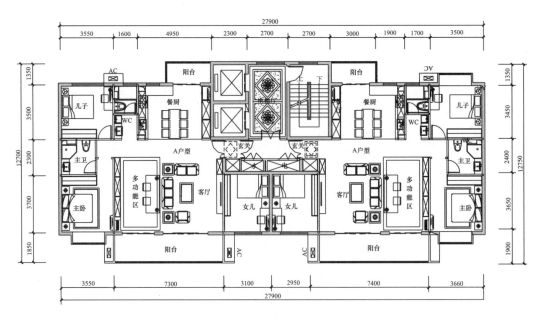

图 3.5-12　阶段七方案五

户型方案六：三代同堂

为了让三代同堂之家的每个家庭成员都拥有独立完整的生活空间，需要在既定空间内，大幅提高空间的使用效率；两个孩子都有各自的独立空间，老人拥有独立安静的生活空间；餐厅连接生活阳台，满足全家人的各种需求。主卧为步入式套房，独立卫生间、尽显舒适见图 3.5-13。

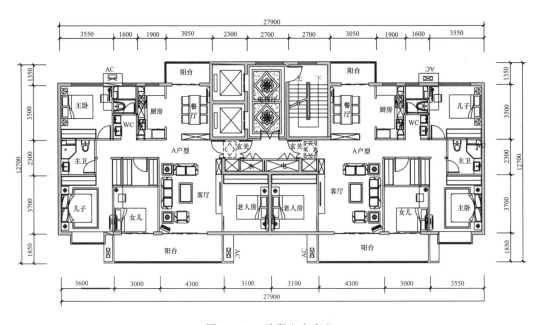

图 3.5-13　阶段七方案六

3. 技术方案

设计说明：

1）设计依据

政府主管部门的批准文件、外部输入相关资料、建设方提供的任务书、现行国家及地方有关规范等资料。

2）墙体做法（表3.5-2）

SPCH1.0/2.0配置清单

表3.5-2

代系　　系统	SPCH 1.0	SPCH 2.0
配置说明	菜单化户型及配置清单	菜单化户型及配置清单
内隔墙	条板隔墙体系	轻钢龙骨隔墙体系
地面	垫层+饰面	垫层+饰面
吊顶	粉刷顶板	粉刷顶板，模块化集成吊顶

外墙：钢筋混凝土剪力墙，包含现浇混凝土剪力墙、装配式剪力墙。

内墙：采用ALC条板，填充墙与混凝土墙连接做好抗裂措施，相关材料的要求、具体构造要求详见《03J113轻质条板内隔墙》；可采用轻钢龙骨隔墙体具体做法详见附录A.1。

3）建筑材料做法（表3.5-3）

材料做法表（单位mm）

表3.5-3

楼1	垫层+饰面层	90厚	楼2	垫层+防水层+饰面层	90厚	楼3	垫层+采暖层+饰面层	120厚
	1. 10mm厚地砖，干水泥擦缝 2. 20mm厚1：3干性水泥砂浆结合层，表面撒水泥粉 3. 60mm厚LC7.5轻骨料混凝土 4. 预制楼板现浇叠合层 备注：适用于南方地区			1. 10mm厚地砖，干水泥擦缝 2. 20mm厚1：3干性水泥砂浆结合层，表面撒水泥粉 3. 1.5厚聚氨酯防水层 4. 1：3水泥砂浆找坡层抹平 5. 60mm厚LC7.5轻骨料混凝土 6. 预制楼板现浇叠合层 备注：适用于南方地区			1. 10mm厚地砖，干水泥擦缝 2. 20mm厚1：3干性水泥砂浆结合层，表面撒水泥粉 3. 水泥砂浆一道（内掺建筑胶） 4. 60mm厚细石混凝土（中间配散热管） 5. 0.2mm厚真空镀铝聚酯薄膜 6. 20mm厚聚苯乙烯泡沫板 7. 10mm1：3水泥砂浆找平 8. 预制楼板现浇叠合层 备注：适用于北方地区	
墙1	条板隔墙-ALC	105厚	墙2	条板隔墙-ALC（用于卫生间）	115厚	墙3	条板隔墙-ALC（用于厨房）	110厚
	1. 涂料面层 2. 1~2mm厚面层腻子 3. 丙乳液一道 4. ALC条板			1. 面砖（胶粘剂粘贴） 2. 5厚聚合物防水砂浆 3. 1.5厚聚合物水泥基层防水涂料 4. 5厚聚合物防水砂浆 5. 3mm厚专用界面剂 6. 丙乳密封液一道 7. ALC条板			1. 面砖（胶粘剂粘贴） 2. 5厚聚合物防水砂浆 3. 3mm厚专用界面剂 4. 丙乳密封液一道 5. ALC条板	
顶1	粉刷吊顶	10厚	顶2	PVC板吊顶	用于厨卫房	踢1	地砖踢脚	
	1. 耐擦洗环保涂料两道 2. 2mm厚罩面腻子 3. 5mm厚粉刷石膏找平层 4. 原有结构顶板			1. 预制混凝土板底用膨胀螺栓固定φ8钢筋吊环，中距横向500纵向≤900 2. 40×40木龙骨中距500找平后用10号镀锌低碳钢丝固定板底钢筋吊环 3. 40×40木横撑设于条板纵向接缝处 4. 9厚阻燃型PVC条板面层用木螺钉固定在木龙骨上 5. 钉塑料线脚			1. 专用勾缝剂勾缝 2. 粘贴5~6mm厚地砖（胶粘剂粘贴）	

4）节点做法

墙1—ALC条板典型节点与做法如下：

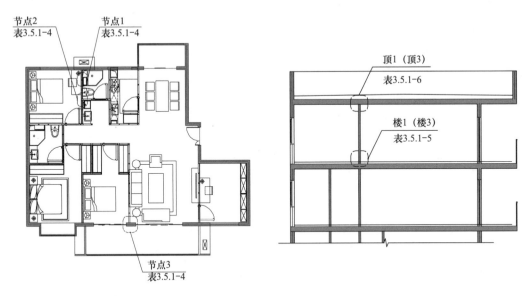

节点2
表3.5.1-4

节点1
表3.5.1-4

节点3
表3.5.1-4

顶1（顶3）
表3.5.1-6

楼1（楼3）
表3.5.1-5

图 3.5-14　平面节点索引　　　　　　　　　图 3.5-15　剖面节点索引

5）集成厨卫及其他

集成厨房：

项目采用集成厨房系统，地面、吊顶、墙面、橱柜、厨房设备及管线等通过设计集成、工厂生产，在工地主要采用干式工法装配，综合考虑橱柜、厨具及厨用家具的形状、尺寸及使用要求，整体配置、高效的布局（详见附录 A4.1）。

集成卫生间：

项目采用集成卫生间，地面、吊顶、墙面和洁具设备及管线等通过设计集成、工厂生产，在工地主要采用干式工法装配，包括整体卫浴、现场装配卫生间。集成卫生间是独立结构，不与建筑的墙、地、顶面固定连接，适用于砖混结构、钢筋混凝土结构、钢结构、砖木等结构建筑（详见附录 A4.2）。

整体收纳：

项目采用整体收纳设计，收纳系统包括玄关收纳 2.36m³①、卧室收纳 7.83m³②、厨房收纳 4.41m³③、客厅收纳 9.46m³④、书房收纳 3.54m³⑤、卫生间收纳 0.42m³⑥；项目在收纳设计的过程中，集成设备管线统筹考虑，管线敷设与收纳空间结合，美观实用。（图 3.5-16）。

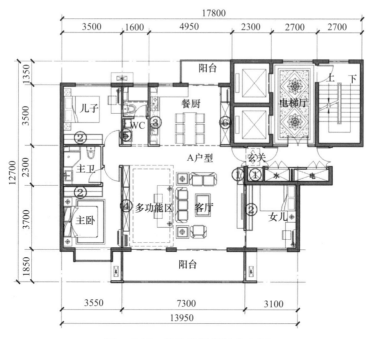

图 3.5-16 整体收纳设计分布图

3.5.2 结构技术方案

1. 结构布置

基于空间灵动家对结构设计创造极简的结构空间，从而为建筑空间的灵活可变提供基础条件的要求，结构布置时剪力墙及梁均沿结构周边布置。为了合理划分结构楼板，控制其厚度，本项目户内保留一道不影响建筑空间调整的梁。部分建筑外墙的窗间墙采用填充墙，进一步为灵活可变的空间提供可能。

本项目楼板跨度达 11m，常规楼板形式已无法实现，需要采用大跨度楼板。

由于可变空间的户型分隔存在诸多可能，虽然建筑专业提出了多种可行的房间布置方式，但未来的用户也可能创造出更多的变化。因此，结构设计中的荷载计算不仅对建筑专业所提供的几种可行户型荷载进行了包络，还在此包络值的基础上做了适当放大，以满足极端情况下的受力要求。结构设计说明中亦明确使用期间的荷载限值，避免建筑使用过程中实际荷载超过设计荷载的情况出现。

2. 结构整体计算参数及指标

该项目主体结构设计使用年限为 50 年，抗震设防烈度为 6 度，设计地震分组为第一组，设计基本地震加速度为 $0.05g$，建筑场地类别为Ⅱ类，场地特征周期 0.35s，基本风压 $0.3kN/m^2$，地面粗糙度 B 类，基本雪压 $0.40kN/m^2$。建筑结构安全等级为二级，建筑抗震设防分类为标准设防类。相关活荷载按现行国家规范《建筑结构荷载规范》GB 50009 取值。

由于项目位于低烈度区，出于经济性考虑，在满足梁跨高比及结构布置要求的基础上尽可能减少结构墙肢，标准层结构平面布置如图 3.5-17 所示，结构模型及相关计算结果如图 3.5-18～图 3.5-22 所示。

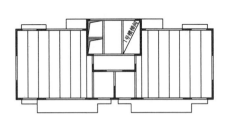

图 3.5-17　标准层结构平面图

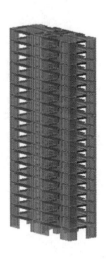

图 3.5-18　结构整体计算模型

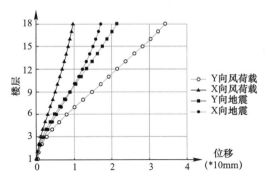

图 3.5-19　最大位移简图

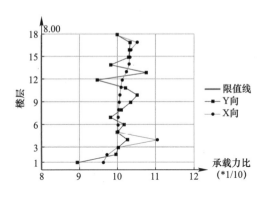

图 3.5-20　多方向受剪承载力比简图

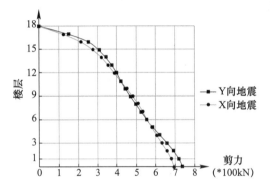

图 3.5-21　地震各工况楼层剪力简图

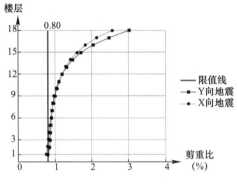

图 3.5-22　地震各工况剪重比简图

结构计算模型主要指标如下：

（1）结构自振周期（前6个振型）

结构自振周期（前6个振型）表   表3.5-4

振型号	周期（s）	转角	平动系数			扭转系数（Z）
			X向	Y向	X+Y	
1	2.5387	88.99	0.00	1.00	1.00	0.00
2	2.2132	178.93	0.97	0.00	0.97	0.03
3	1.7125	1.10	0.03	0.00	0.03	0.97
4	0.6660	2.23	0.98	0.00	0.99	0.01
5	0.5895	92.30	0.00	1.00	1.00	0.00
6	0.4781	7.55	0.01	0.00	0.02	0.98

可见结构前两个周期均为平动周期，第三周期为扭转周期，结构扭转为主的第一自振周期 T_t 与平动为主的第一自振周期 T_1 之比为0.46，小于规范0.9的限值要求。

（2）风荷载和地震作用下的弹性位移角

风荷载和地震作用下的弹性位移角   表3.5-5

风荷载作用下的弹性位移角		地震作用下的弹性位移角		考虑偶然偏心时地震作用下的楼层最大位移比	
X方向	Y方向	X方向	Y方向	X方向	Y方向
1/4599	1/2335	1/1941	1/1485	1.07	1.14

结构在风荷载和地震作用下的弹性层间位移角均满足规范的相关要求。

（3）基底的地震剪力、地震剪力系数和有效质量系数

基底的地震剪力、地震剪力系数和有效质量系数   表3.5-6

基底地震剪力（kN）		基底地震剪力系数			有效质量系数		
X方向	Y方向	X方向	Y方向	限值	X方向	Y方向	限值
695.72	737.31	0.79%	0.81%	0.8%	98.95%	98.76%	90%

结构水平及竖向均较为规则，扭转位移比、周期比等指标均较好。虽然X方向刚度偏强，但考虑到其剪重比已达到规范限值，且X向竖向构件需要为水平构件提供必要的支承，故未再减少X方向墙肢数量。

3. 大跨度楼板设计

大跨度楼板较普通钢筋混凝土楼板有其自身的特点，如对荷载相对敏感、自重在总荷载中的占比大、正常使用极限状态可能超越承载力极限状态成为控制因素等。

本项目在结构设计之初，考虑到楼板短向跨度约9.5m，普通现浇楼板或叠合楼板厚度过大，楼板自重将在楼板荷载中成为主要部分，楼板挠度难以控制等问题。并综合考虑建筑工业化、工期、板型优缺点等因素，最终采用预应力混凝土钢管桁架叠合板（PK-Ⅲ板）作为水平构件在本项目试应用。

（1）板厚选取及叠合层设置

根据荷载及《预应力混凝土钢管桁架叠合板》图集，叠合板的预制底板选用 40mm 厚 PK-Ⅲ 板，叠合层厚度 220mm。为保证叠合层与预制底板有效结合，要求预制底板顶面设置凹凸深度不小于 4mm 的粗糙面。

（2）配筋计算

楼板配筋计算时，按厚度为 260mm 双向板计算，在叠合板支座位置、板底垂直于预制板跨度方向配置受力钢筋，并在叠合层顶面配置通长温度钢筋。

（3）其他

预应力混凝土钢管桁架叠合板的预制底板由于自身厚度较薄（40mm），当其上部浇筑混凝土时，在混凝土自重作用下，能有效平衡预应力产生的反拱，使叠合后的板底相对平整。

现阶段装配式建筑中常用的普通桁架钢筋叠合板，当采用单向板（预制部分通长为 60mm 厚）硬拼缝布置时，拼缝位置会存在一定的开裂风险，此位置裂缝虽非结构裂缝，但对建筑使用及美观造成一定影响。预应力混凝土钢管桁架叠合板的预制底板拼缝部位，由于预制底板厚度较小，垂直裂缝方向的钢筋更接近板底，开裂风险得到有效控制。

4. 结构同层排水设计

由于预应力混凝土钢管桁架叠合板较难实现局部降板，给建筑采用同层排水造成了一定的困难。经过与给排水专业沟通，只需要结构在板叠合层内局部预留 100～150mm 宽，50mm 深的凹槽，就能实现同层排水。此凹槽位于楼板受拉区，对楼板整体受力影响不大。凹槽长向平行于板支座或垂直于板支座。

当凹槽长向平行于板支座时，如图 3.5-23（a）所示，由于凹槽长度不大（本项目为 970mm），在布板时，可将板缝靠近凹槽中心位置布置，此做法不影响楼板整体性，可保证水平力的有效传递。

当凹槽长向垂直于板支座布置时，如图 3.5-23（b）所示，由于凹槽宽度有限（100～150mm），不会影响水平力传递以及结构整体性。

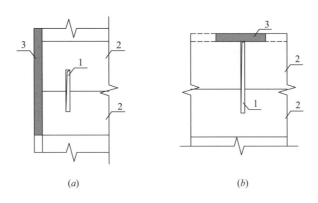

(a)　　　　　　　　(b)

图 3.5-23　叠合层凹槽

1—凹槽；2—预制底板；3—板支座

在叠合层开凹槽处，按楼板开洞做法在凹槽周边增加加强钢筋，以保证楼板自身的安全，避免应力集中产生导致裂缝产生。加强筋做法与现行规范楼板洞口加强筋做法一致。

3.5.3 给水排水技术方案

1. 工程概况

详 3.5.1。

2. 设计依据

建设单位提供的设计任务书

建筑、结构、空调采暖、电气等专业提供的作业条件图和设计资料

《装配式混凝土建筑技术标准》GB/T 51231—2016

《装配式建筑评价标准》GB/T 51129—2017

《装配整体式钢筋焊接网叠合混凝土结构技术规程》T/CECS 579—2019

《装配式建筑系列标准应用实施指南》（2016）

《工业化住宅尺寸协调标准》JGJ/T 445—2018

3. 设计范围

本案例仅包括户型内的生活给水、热水、排水系统设计。

4. 给排水系统设计

（1）给排水专业设计要点

装配式住宅的给排水系统设计，目的是提高标准化与工业化水平，是将施工阶段的问题提前至设计阶段解决，结合预制构件的特点，预埋套管、预留孔洞、预埋管件、包括管卡、管道支架吊架均在工厂加工完毕，给排水专业需在施工图设计中完成部分细部设计，并且应尽量将结构构件生产与设备安装和装修工程分开，以减少预制构件中的预埋件和预留孔，简化节点，减少构件规格。

（2）给排水管道预留原则

1）穿越楼板时应预留套管或洞口，一般孔洞或套管大于管外径 50～100mm，详见附录 C.3.2。热水管道除应满足上述要求外，其预留孔洞和预埋套管还应考虑保温厚度。

2）预埋管道附件：当给排水系统中的一些附件预留洞不易安装时，可采取直接预埋的办法，如空调板、阳台板上的排水栓、地漏等。预埋有管道附件的预制构件在工厂加工时，应做好保洁、成品保护，避免附件被混凝土等材料堵塞。

3）定位：管道穿预制墙体、穿预制楼板处需精确定位尺寸、标高、预留孔洞尺寸。需要预制墙体预留管槽时，条件图中需精确标注定位尺寸，及管槽宽度、深度及长度。孔洞尺寸、管槽尺寸也可根据所选卫生器具列表统一说明。

4）预制构件工厂生产后，运至施工现场安装，与主体结构间依靠连接件及现浇处理连接，因此，所有预埋件除应精确定位满足距墙面要求外，还需预留连接件、现浇混凝土

的安装空间，一般取距构件边内侧大于40mm。

（3）生活给水系统设计

1）生活给水入户支管管径De25，采用S5级无规共聚聚丙烯PP－R给水管，热熔连接。

2）给水管道敷设：根据SPCH1.0住宅的定位特点，入户给水管道暗敷于建筑垫层内，卫生间器具给水管道暗敷在预留管槽内，管槽宽40mm，深20mm，管道外侧表面的砂浆保护层不小于10mm。敷设在垫层或管槽内的管道地面应有管道位置的临时标识，施工完需在竣工图上标示清楚。

（4）生活热水系统设计

1）热水系统采用阳台壁挂式太阳能生活热水系统，辅助热源采用电辅热$N=2.0$kW，集热器采用平板型集热器，集热板面积$2m^2$，贮水罐容积$V=120$L。太阳能热水系统安全措施。阳台壁挂式太阳能集热板与贮热水罐之间一般利用热水温差自然循环和换热，也可增设小型管道循环泵提高循环次数，增加集热效率。

2）集热器的设置方式：详见附录C.2.3装配式建筑太阳能集热器的安装布置的一般要求。

3）生活热水供、回水支管采用S3.2级无规共聚聚丙烯PP－R给水管，热熔连接。

（5）排水系统设计

1）室内采用污水与废水合流排水管道系统，卫生间排水设置专用通气立管。

2）本项目定位于SPCH1.0应用项目，户内卫生间排水系统可采用异层排水系统。卫生间设置区域除顶层户型（一室）外其余各层户型均保持一致。

3）排水管敷设及连接：排水管道，采用PVC－U塑料排水管，粘接，坡度均为0.026；排水立管及器具排水管穿越装配式楼板时，应预留孔洞，孔洞预留尺寸可参照附录表C.3.2。

5. 给排水平面及系统轴测图

在SPCH1.0项目定位中，考虑的是不同楼层不同户型的设计理念，给排水系统的设计针对不同户型的设计方案基本类似，三室、二室及一室户型内给排水系统的不同仅体现在卫生间内器具的布局及给排水管线的敷设上，现通过其中房间最多的四室户型给排水图为例，来说明SPCH1.0的设计过程。

（1）四室户型给排水图（图3.5-24～图3.5-27）

（2）给排水设计注意事项

通过SPCH1.0给排水系统的设计过程，其主要需要考虑以下影响因素：

1）采用工业化的手段，将施工阶段可能产生的问题提前至设计阶段解决，大量减少了重复设计工作量。

2）因SPCH1.0住宅项目多采用异层排水，需考虑卫生间排水对下层用户的影响，故各层卫生间的设置区域需保持一致。

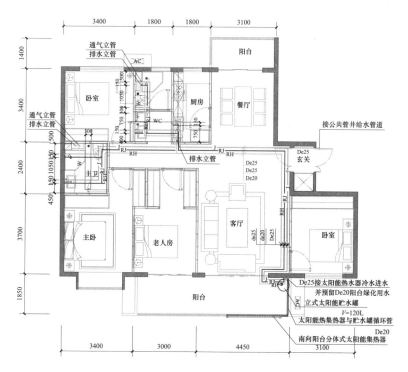

图 3.5-24　四室户型给排水平面图

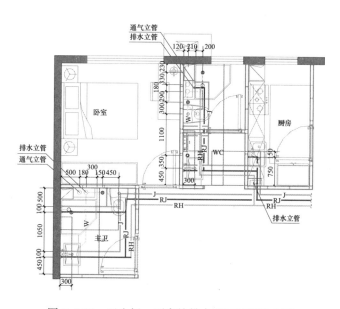

图 3.5-25　卫生间、厨房给排水平面局部放大图

3）顶层户型由于其位置的特殊性，灵活性相对其他层户型较大，但在对应其下层卫生间的区域外不宜再设置排水点，以满足规范要求及下层用户的使用体验。

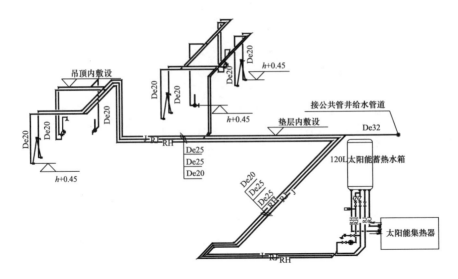

图 3.5-26　四室户型给水轴测图

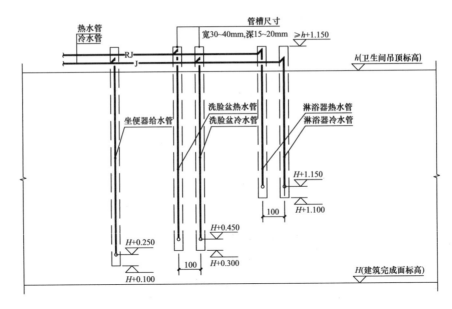

图 3.5-27　卫生间给水管道预制墙体预留管槽示意图

4）给水系统的敷设宜靠近墙角敷设。

5）阳台壁挂式太阳能热水系统热水供水管距离卫生间较远，一般当其管线长度超过 8m 时，宜设置热水回水循环泵，可采用供水管道泵，方便安装，其安装图详见附录 C.2.1-3～5 阳台壁挂式太阳能热水系统相关做法详图。

3.5.4　暖通空调技术方案

1. 工程概况

详 3.5.1。

2. 设计依据

建设单位提供的设计任务书

建筑、结构、给排水和电气等专业提供的作业条件图和设计资料

《民用建筑供暖通风与空气调节设计规范》GB 50736—2012

《辐射供暖供冷技术规程》JGJ 142—2012

《住宅新风系统技术标准》JGJ/T 440—2018

《装配式混凝土建筑技术标准》GB/T 51231—2016

《装配式建筑评价标准》GB/T 51129—2017

《装配整体式钢筋焊接网叠合混凝土结构技术规程》T/CECS 579—2019

《装配式建筑系列标准应用实施指南》（2016）

《工业化住宅尺寸协调标准》JGJ/T 445—2018

3. 设计范围

本案例仅包括室内供暖、空调和新风系统设计。

4. 暖通空调系统设计

（1）供暖系统

本案例在南方地区，不设置采暖系统，为充分说明空间灵动家各系统的设计过程，采暖系统以与本项目相同户型方案，在寒冷地区某市建设几栋住宅为例详细说明。该项目周边没有市政热力条件，同时考虑低温辐射采暖是目前舒适度较好的采暖方式；热源用燃气热水炉，兼顾冬季采暖和日常生活热水的制备。故决定本项目采用单户燃气壁挂炉地暖方案，对于上下楼层不同户型的建筑方案，此供暖方式也完全适用。

1）采暖设计及计算参数：

采暖室外计算参数：冬季采暖室外计算温度−9℃；冬季室外平均风速2.8m/s。

采暖室内设计温度：卧室、客厅和餐厅20℃；卫生间18℃（淋浴时电辅加热）；
　　　　　　　　　　厨房16℃。

2）围护结构热工计算参数：

外窗：保温中空玻璃窗 $K=1.80W/(m^2 \cdot K)$；

外墙：采用外保温复合墙体，挤塑聚苯板保温厚80mm，$K=0.41W/(m^2 \cdot K)$；

屋顶：保温隔热屋面保温层，挤塑聚苯板保温厚100mm，$K=0.33W/(m^2 \cdot K)$；

3）本项目采暖热媒为50/40℃热水，由各户燃气壁挂炉供应。壁挂炉设于厨房内，同时供应生活热水。室温调节采用单组分集水器整体温度控制，户内设分户温度控制面板，分室手动控制。详见图3.5-32。

4）地暖管采用S5系列耐热聚乙烯PE-RT塑料管，热熔连接，管径对照表详见表3.5-7。

PE-RT 管管径对照表 表 3.5-7

公称直径	外径×壁厚（mm）	管系
DN15	20×2.0	S5
DN20	25×2.3	S5
DN25	32×2.9	S5

5）每个环路通过分集水器与各采暖支管环路相连，环路长度不应超过 120m。

6）分集水器箱内和分集水器上链接的球阀和过滤器及分集水器本身均采用锻造黄铜材质制造。铜管件与塑料管材直接接触的表面必须镀镍。

以此项目四室和两室户型为例，给出地面辐射供暖系统的平面图和供暖地面及伸缩缝做法，详见图 3.5-28～图 3.5-31。

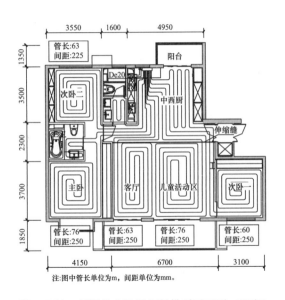

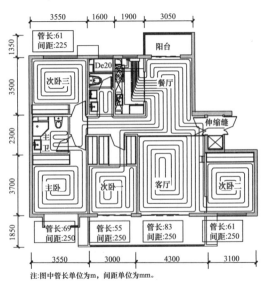

图 3.5-28　低温热水地板辐射供暖平面图（两室）　　图 3.5-29　低温热水地板辐射供暖平面图（四室）

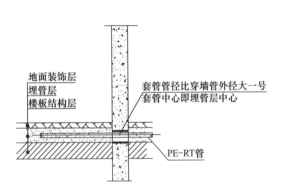

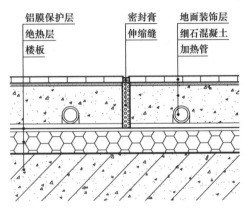

图 3.5-30　室内埋地管穿墙套管安装大样　　图 3.5-31　低温热水地面辐射供暖地面及伸缩缝做法

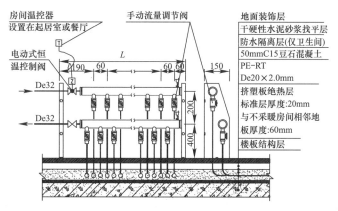

图 3.5-32　分集水器安装详图

（2）空调系统

本项目位于湖南省某市，夏季普遍有空调需求，本项目采用分体空调。

1）建筑层高 3.1m，挂壁机安装底标高 $H+2.40$m，落地柜机安装底标高 $H+0.20$m。连接室外机和室内机的冷媒铜管的管径详厂家资料。

2）室外机可落地安装或安装在建筑预留的空调板上，需根据室外机尺寸设置不锈钢地架（当设置在首层时，还需在地架下设置混凝土基础）。

3）根据《房间空气调节器能效限定值及能源效率等级》GB 12021.3—2010，对选用的分体空调的能效比（EER）要求如下：

分体空调制冷量与能效要求对应表　　　　　　　　　　表 3.5-8

类型	额定制冷量（CC）（W）	能效等级（EER）（W/W）
分体式	CC≤4500	≥3.40
	4500<CC≤7100	≥3.30
	7100<CC≤14000	≥3.20

4）室外机离墙的距离不应小于 150mm，以确保气流畅通。

5）室外冷凝水立管采用 PVC-U 给水塑料管，承插粘接。冷凝水立管应做双向伸缩节，当穿越阳台楼板、空调板或建筑外墙线条时，伸缩节应每层设置。仅沿外墙敷设时，可按不超过 6m 设置一个伸缩节的原则设置。

6）室外空调冷凝水立管管径均为 40mm，冷凝水管安装时保证不小于 1‰的坡度，均匀坡向排水点。

7）冷媒管道穿越墙身和楼板时，保温层不能间断，中间的空间应以松散保温材料玻璃棉填充。保温材料为符合消防要求的橡塑保温管/板，为难燃 B 级。橡塑保温材料湿阻因子应≥4.5×10^3，导热系数<0.035W/(m·K)，保温绝热层的绝热材料的抗压强度不小于 150kPa。

8）为方便购置分体空调，下面给出制冷量、适用面积及室内、外机外观尺寸。综合部分厂家产品，整理于表 3.5-9。室外机位净尺寸详见表 3.5-10。

某分体空调的制冷量、适用面积及室内、外机外观尺寸　　　　　　表 3.5-9

制冷量	适用面积（m²）	一般功能	外观尺寸（mm）（长×厚×高）	
			室外机	室内机
1匹（2500W）	10～17	次卧室 书房	780×290×540	790×201×268 （壁挂机）
1.5匹 （3300～3500W）	14～23	主卧室 次卧室	780×290×540	790×201×268 （壁挂机）
2匹（4550～5000W）	20～32	客厅 主卧室	850×290×640	1098×248×318 （挂机）
2.5（5750～6000W）	24～40	客厅		500×340×1696 （柜机）
3匹（7100W）	28～45	客厅 入口大堂		3匹柜机

注：1. 以上尺寸为部分常用分体机产品系列尺寸，供设计及订货参考，具体以所用厂家最新资料为准。
　　2. 极个别超出机位净尺寸设计范围的部分机型不宜选购。
　　3. 2～2.5匹宜采用壁挂机，3匹及以上选用柜机。

某分体空调的室外机位净尺寸　　　　　　表 3.5-10

制冷量	单机机位尺寸（mm） （长×厚×高）	双机平行布置尺寸（mm） （长×厚×高）
1～1.5匹 （2500～3500W）	1000×450×700	1800×450×700
2～3匹（4550～7100W）	1100×450×850	2000×450×850

对于本项目上下楼层户型不同的建筑方案，按平面房间功能最多的四室方案设计布置分体空调，由此变化到三室、二室和一室时，均可正常使用空调。平面布置和节点大样以四室和二室户型为例详见图 3.5-33～图 3.5-36。

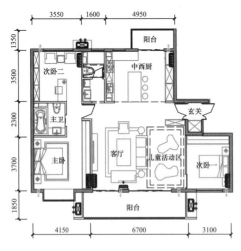

图 3.5-33　分体空调机和墙式新风器
布置平面图（两室）

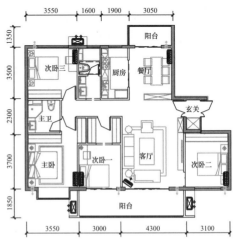

图 3.5-34　分体空调机和墙式新风器
布置平面图（四室）

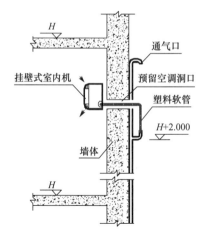

图 3.5-35 冷凝水立管安装大样图（一）

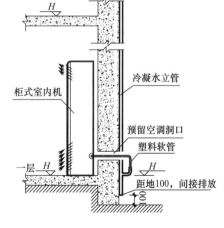

图 3.5-36 冷凝水立管安装大样图（二）

（3）新风系统

关于住宅新风系统，越来越多的百姓对于新风的需求逐渐加强，特别是对于新购楼房，都希望有对室内新风的考虑和设置，基于此市场需求，本项目设置墙式新风机，既可以解决室内新风问题、造价也不高。

1）新风量的计算根据《住宅新风系统技术标准》4.2 节的要求进行。

2）本项目采用负压式新风系统，它是一种无动力的墙式新风机、搭配负压排风机。客厅、卧室等均安装负压式新风口，内置过滤芯体。

3）利用卫生间的排气扇排风，室内形成负压，新风可由外墙上的新风口进入，实现气流循环，将全屋的污染空气及时排出。

4）墙式新风器预留套管需采取内高外低的方式，防止雨水倒灌。

5）室内进风口需固定在外墙和管道上，确保安装牢固，不脱落。

6）必须做好外墙预留孔洞的防水处理，避免渗水漏水。

7）墙式新风器的安装中心标高：$H+2.00$m（H 为楼层建筑标高）。

8）墙式新风器的规格见表 3.5-11。

墙式新风器规格表

表 3.5-11

名称	型号及规格	数量	备注
墙式新风器	套管 $\phi100$mm	6 个/户	室内进风口带风量调节功能 室外进风口、不锈钢防雨罩带过滤功能

该新风系统，在室内无管道，不影响室内户型分隔，同时新风器内有 PM2.5 等过滤芯体。本项目采用此种新风系统，以两室和四室户型为例平面布置及安装示意详见图 3.5-33（绿色图例）、图 3.5-34（绿色图例）和图 3.5-37。

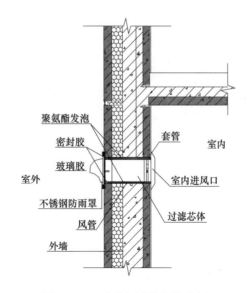

图 3.5-37　墙式新风器安装示意图

3.5.5　电气技术方案

以下以本章建筑专业介绍的项目中五种户型为例，依据空间灵动家电气灵动设计方法，说明 SPCH1.0 户型电气技术方案的实现方式。

1. 工程概况

详 3.5.1。

2. 设计依据

建设单位提供的设计任务书

建筑、结构、暖通空调、给排水等专业提供的作业条件图和设计资料

《民用建筑电气设计规范》JGJ 16—2008

《住宅建筑电气设计规范》JGJ 242—2011

《装配式混凝土建筑技术标准》GB/T 51231—2016

《装配式建筑评价标准》GB/T 51129—2017

《装配整体式钢筋焊接网叠合混凝土结构技术规程》T/CECS 579—2019

《装配式建筑系列标准应用实施指南》（2016）

《工业化住宅尺寸协调标准》JGJ/T 445—2018

3. 设计内容

配电与配线箱系统、照明系统、插座与供电系统、火灾自动报警系统、智能化与通信系统。

4. 电气灵动的设计思路

电气灵动设计思路是根据户型灵动的特点，以满足空间可变需求为目的，基于空间模

块化的设计方法。实现空间灵动家不同户型间电气系统的快捷转换。

（1）电气管线的"动"与"静"

电气管线的"动"指内隔墙与部品部件中电气管线的变化。电气管线的"静"指设置一些在空间灵动过程中不需要移动的电气管线接口单元，为电气管线的"动"提供支持。通过电气管线的"动""静"结合，高效、快捷、经济地实现设计目标。

（2）SPCH1.0～2.0代系的空间变化多样，呈现出一定的空间模块化划分的规律，也为电气系统模块化的"动""静"结合设计提供了重要依据。下面是电气灵动的设计方法介绍：

1）客厅、卧室等房间有外窗采光要求与长宽比例要求，墙体边缘不会与外窗（尤其是外窗开启扇）连接。故而外窗的布置，成为划分此类空间模块的重要依据，并可以确定内隔墙可能的位置，为电气系统接口与接线点的布置提供依据。

2）燃气、风道、下水井的位置，与厨房、卫生间位置紧密相连，结合临近功能区域的划分，可划分出厨卫功能空间模块区域。根据厨房、卫生间潮湿且有吊顶的特点，厨卫的电气系统接口与接线点应设置在吊顶区域顶部或橱柜区域墙面上。这种电气接口设置方法契合整体厨卫标准化程度高的特点。

3）从案例户型平面可以看出来，各个功能模块与轴线分隔出的空间大致相同。根据此规律，通过本书3.4.5中介绍的电气管线技术，便可以形成户型灵动的电气技术解决方案。

5. 配电与配线箱系统

空间灵动家的家居配电箱与配线箱位置应保持固定，一般情况下布置在入口玄关衣橱内的结构墙体上。家居配电箱底边距地1.8m安装，家居配线箱底边距地0.5m安装。

6. 照明系统

（1）示例说明

本案例以4种户型的照明系统平面为例来说明电气的灵动设计方法，见图3.5-38。四种户型线路基本一致，仅在少量内隔墙分支线路上有差别，具有标准化程度高的特点。图中红线表示固定的电气线路，在各户型中完全一致，户型间的订制与转换时无需调整。各户型照明系统不同之处仅在于个别灯具是否被安装，空心圆表示没有安装灯具的灯具接线点，使用与天花板同色的面板封住即可。

（2）布置方法

在房间顶部居中布置，各功能模块化空间中间布置主灯具电源接线盒。还可以结合超薄电线、灯具轨道、超薄线槽等技术，解决电气照明系统的个性化照明点位的布置问题。在厨房、卫生间范围内的顶部预留接线盒，通过吊顶内的明装管线满足厨房、卫生间照明插座的接线需求。

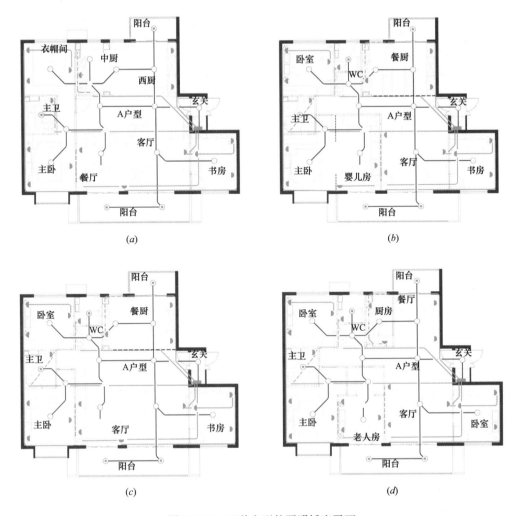

(a)   (b)

(c)   (d)

图 3.5-38　四种户型的照明插座平面

(a) 户型方案 1 电气平面；(b) 户型方案 2 电气平面；

(c) 户型方案 3 电气平面；(d) 户型方案 4 电气平面

（3）无线开关控制

空间灵动家采用无线灯具开关控制技术，灯具上安装无线受控模块，无线开关采用电池供电，简化电气系统管线，位置、功能的定制化程度高。当灯具无线开关与智能家居联网后，可实现智能照明及相关场景联动。

7. 插座与供电系统

（1）示例说明

下面以 4 个户型的插座与供电系统平面图为例来说明电气的灵动设计方法。见图 3.5-1，图中蓝色实线表示固定的电气线路，在各户型中完全一致，户型间的订制与转换时无需调整此部分管线，不同之处在于内隔墙与橱柜中的插座与供电系统管线，图中用虚线表示。正方形图例表示内隔墙插座回路的电源接线盒，当不作为内隔墙与橱柜管线接线盒时安装插座面板，作为插座使用。

（2）庭室区域的设置

外墙内侧适当位置设置快接式接线盒，空间的灵动需要在接线单元处（或邻近位置）设置内隔墙时，将内隔墙上的管线接入此处的接线单元即可。此接线单元处无内隔墙时，在此接线单元上安装插座面板，作为插座使用。

（3）厨卫区域的设置

厨房、卫生间的吊顶或橱柜区域内设置电源接线盒，通过吊顶与内隔墙内设置敷设的管线，厨卫插座回路通过此电源接线盒供电。

8. 智能化与通信系统

外墙内侧适当位置设置快接式接线盒，空间的灵动需要在接线单元处（或邻近位置）设置内隔墙时，将内隔墙上的智能化与通信系统管线接入此处的接线单元即可。当此接线单元处无内隔墙时，可在此接线单元上安装面板，作为智能化与弱电插座使用。设置方法与插座与供电系统相同。

空间灵动家技术创新

　　空间灵动家从建筑工业化的整体发展逻辑出发，系统地集成配套技术，发展可工厂订制、现场装配的大件整件内装部品部件，不仅是对居住模式的一种探索，也是企业与研发机构互动、协作的创新平台。为适配 SPCH3.0 研发创新了建筑、内装、结构、给排水、新风与空调、电气与智能化等专业的技术及产品，并申请了相关专利。

4.1　内装隔墙技术创新

　　空间灵动家是由坚固的外壳（承重结构部分）支撑起的自由大空间，结构主体可通过装配式的技术手段实现[①]，空间内的工业化内装系统及机电管线系统是独立于结构之外的系统。其中内装系统中的轻质隔墙关系着空间灵动的实现方式，也与机电管线的集成布线方式紧密相关，是未来智慧家的重要部品。目前，针对隔墙的研究主要集中在建筑材料应用上，涉及提高施工效率，减少成本和环境影响等，但归根结底都是以施工为场景，研究不同材料在工地现场的应用技术。在建筑工业化的发展趋势下，隔墙不是一种现场建造的建筑材料，而是用户可以直接购买安装的工业化产品：是一种具有与普通隔墙一样划分空间、保护隐私（隔绝声音、视线），同时可以模块化组合拼装的家具，未来还可以结合人工智能技术升级成为一种智能家具。

　　为了实现这样的长期研发目标，首先对家具进行分析研究。比如宜家家具的 BESTA 贝达系列（见图 4.1-1 宜家贝达系列），其最主要的成功在于首次采用"通用家具系统"，产品围绕客厅试听设备展开设计，通过推荐的组合产品，自行设计独特的客厅储物布局，被视为客厅中的"变形金刚"。该系列是通过一系列的基础产品和相应的配件实现多样化的通用组合。贝达框架、门、抽屉前板是该系列最基础的产品，内置件、拉钮和拉手、附件等是连接和实现这些基础产品的零部件（见图 4.1-2 宜家贝达系列零件）。客户通过选择不同材质、颜

---

　　① 例如：装配式整体叠合结构成套技术、大跨度预制预应力楼板等技术。

色的框架、门、抽屉前板搭配不同的内置配件，通过连接零部件完成个性化的组装。其中每一种基础产品也有配套更新的零部件，如基础框架产品配有相应的补充商品（见图 4.1-3）。

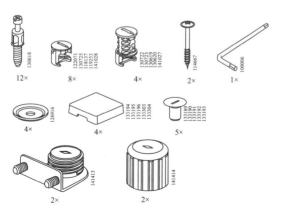

图 4.1-1　宜家贝达系列

图 4.1-2　宜家贝达系列零件

图 4.1-3　基础框架补充商品表

注：图片来源宜家官网

　　其重要的设计逻辑：通过自由组合"简单"的家具单元以及应用场景的变换，无限扩大和丰富其使用功能。未来的隔墙是否也可以借鉴这一设计原理，由类似这样"简单的基本单元和模块"组成，且能实现丰富的应用场景？客户可以自由选择隔墙的材质、颜色，搭配不同的设备配置，通过龙骨、螺栓等连接构件组装成一个基础的隔墙模块，这也是工业化产品的重要逻辑。

　　为此，我们对目前市场上的隔墙体系进行了研究，尤其是目前纯干法作业、最适合装配的轻钢龙骨隔墙系统，可以发现这些隔墙系统都由横、竖龙骨系统、隔声材料及饰面板组成，龙骨与龙骨、饰面板与龙骨通过螺栓连接；但与家具一类的工业产品相比，目前的隔墙系统还未完全模数化，龙骨与装饰板均需在现场进行裁切，人、材、机，组织繁复，现场仍有建筑废料；依赖手工操作，精度低；材料利用率低；人工费较高。为此，我们进行模块化研究及模数化的设计，配套装配式集成管线技术，创新研发家具式快装隔墙产品[①]。这种新型可拼装模块化隔墙首先是对用户最根本自由灵动居住需求的回应；其次，解放了建筑工地的大量作业，随之减少环境压力，交付时间和建造成本；还可以在将来形成一种新隔墙家具的商业模式，工厂制造，线上定制、采购，线下体验，甚至可以带来厂家与厂家、客户与厂家之间模块回收、客户与客户之间的模块共享，是共享经济与家居的融合。

4.1.1　可拼装模块化隔墙模数协调

　　基于不同层高和性能需求，首先建立龙骨截面尺寸系列：60mm、75mm、90mm、120mm、150mm；以住宅常见层高[②] 2.9m 为例，配套 60mm 的龙骨、15mm 厚的镀锌钢单元面板，隔墙整体厚度 D 为 90mm（见表 4.1-1）。

---

① 专利号：201922256464X。
② 住宅常见层高有 2.8m、2.9m、3.0m。

龙骨隔墙技术参数表 表 4.1-1

产品代号	图示	尺寸（mm）				自重(kg/m²)	墙体最大高度(m)	隔声	耐火
		板厚	排版方式	龙骨截面	墙厚(D)				
GQ1		15	1+1	60	90	5	4.5	吸声材料	普通板

　　隔墙最主要的"基础部件"是龙骨与装饰面板。对隔墙的研究最主要是对龙骨与装饰面板材质、型号规格的研究。不同材质、不同断面形状、不同壁厚的龙骨拥有不同的结构强度，结合排布间距影响隔墙的最大高度，综合考虑防火、隔声与防水要求以及使用部位选取相应的龙骨与装饰板；装饰面板可根据具体设计需求选择带饰面硅酸钙板、镀锌钢单元面板、带饰面纤维水泥加压版、饰面石膏板等。

　　与家具设计不同，在对隔墙的基本模数进行研究探索时，一个重要的研究就是建筑模数与隔墙模数的协调。建筑以 600mm、900mm、1200mm 为隔墙通用的模数，但是一个基本的隔墙模块其模块中心线（龙骨中心线）、两面装饰板是三条平行的轴线，无法一致（图 4.1-4a），此时基准轴线的选择影响到后续所有的隔墙模块设计逻辑。当采用龙骨中心线为轴线时需要有转换模块（图 4.1-4b）。当以单侧装饰板为轴线时，虽然不需要转换模块，但会出现模块中心线交点与模数轴线交点的不统一，引起所有模数系统的逻辑混乱，影响后续的户型灵动（图 4.1-4c）。为了更好地统一协调各层级的模数关系，取模块中心线（龙骨中心线）为轴线是最合适的方案。

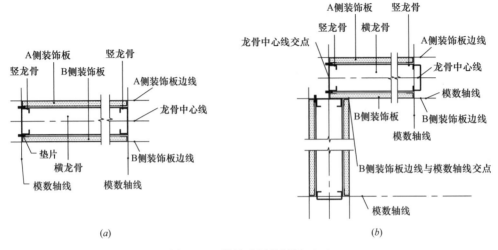

(a)　　　　　　　(b)

图 4.1-4　轴线选择分析图（一）

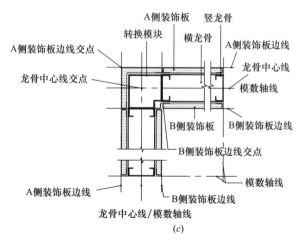

图 4.1-4　轴线选择分析图（二）

4.1.2　可拼装模块化隔墙模块[①]

确定了以模块中心线（横龙骨中心线）为模数轴线后，设计 L 形、T 形以及收口模块，即宜家家具中连接"基础产品"的"零部件产品"如表 4.1-2 所示。

连接模块与收边模块　　　　　　　　　　　　　　　　　　　　　　表 4.1-2

L 形连接模块			T 形连接模块			收边模块	
模数轴线　L 龙骨　模数轴线　收口装饰条　L 装饰板			T 装饰板　模数轴线　收口装饰条　T 龙骨　收口装饰条　模数轴线			模数轴线　龙骨　收边装饰板　模数轴线	
零件	L 装饰板　L 龙骨　收口装饰条		零件	T 装饰板　T 龙骨　收口装饰条		零件	收边装饰板　竖龙骨

设计采用 600mm 为基本的隔墙模块单元，龙骨截面尺寸为 60mm，即家具中的"基础产品"如表 4.1-3 所示。每个隔墙模块由天、地两根横龙骨＋两个 U 形竖龙骨、两侧装饰板及填充的隔声材料组成。

600mm 隔墙构成表　　　　　　　　　　　　　　　　　　　　　　表 4.1-3

种类	隔墙模块	装饰板	龙骨	
			横龙骨	竖龙骨
600MM 模块	600	595	600	⊏

---

① 专利号：2019222566445。

由于采用龙骨中心线为模数轴线，且有 L 形、T 形连接模块，基础模块遇到 T 形，L 形转角时会有半个墙厚 $D/2$ 的差值，当基础模块的两边均有连接模块时，会相差一个墙厚 D，因此衍生出 600A 模块尺寸为（600-$D/2$）mm，600B 模块尺寸为（600-D）mm；900A 模块尺寸为（900-$D/2$）mm，900B 模块尺寸为（900-D）mm 和门模块（1200A）模块尺寸为（1200-$D/2$）mm，门模块（1200B）模块尺寸为（1200-D）mm（表 4.1-4）。

隔墙模块构件系列表 表 4.1-4

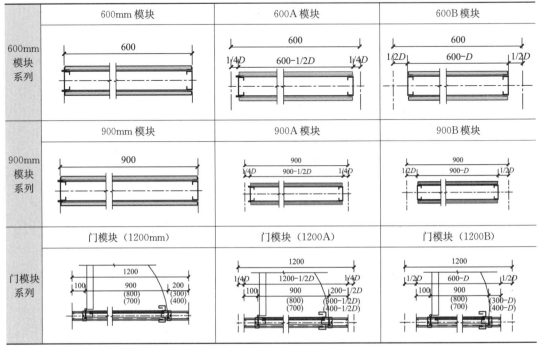

4.1.3 可拼装模块化隔墙灵动户型应用

在进行不同户型之间的变化时，需要对局部墙体进行拆除和拼装，即在"一"字形、L 形、T 形、L+T 形四种形式之间相互转换，对应需要增加或拆除的构件见表 4.1-5。

可拼装模块化智能隔墙转换表 表 4.1-5

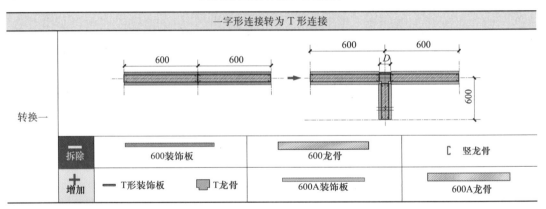

续表

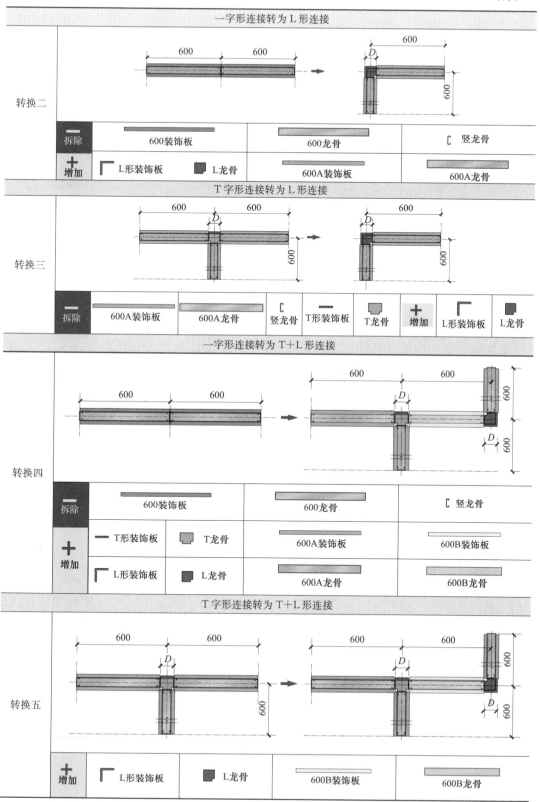

以 145m² 户型为例，采用可拼装智能隔墙模块的灵动户型变化如下：

初始户型隔墙构件数统计					
种类		图例	数量	种类	数量
饰面板	600装饰板		48	600龙骨	24
	550装饰板		44	550龙骨	22
	500装饰板		2	500龙骨	1
	900装饰板		2	横龙骨 900龙骨	1
	850装饰板		8	850龙骨	4
	800装饰板		0	800龙骨	0
隔墙模块	1200模块		3	竖龙骨 竖龙骨	104
	1150模块		2	L模块	5
	1100模块		2	收边模块 T模块	8
门模块	900门		7	一模块	3

图 4.1-5 初始户型及其隔墙构件表

种类		图例	数量	种类	数量
饰面板	600装饰板		44	600龙骨	22
	550装饰板		8	550龙骨	8
	500装饰板		0	500龙骨	0
	900装饰板		2	横龙骨 900龙骨	1
	850装饰板		4	850龙骨	2
	800装饰板		0	800龙骨	0
隔墙模块	1200模块		2	竖龙骨 竖龙骨	58
	1150模块		1	L模块	2
	1100模块		0	收边模块 T模块	1
门模块	900门		3	一模块	1

图 4.1-6 灵动户型一（一室）及其隔墙构件表

种类		图例	数量	种类	数量
饰面板	600装饰板		46	600龙骨	23
	550装饰板		22	550龙骨	11
	500装饰板		0	500龙骨	0
	900装饰板		0	横龙骨 900龙骨	0
	850装饰板		8	850龙骨	4
	800装饰板		0	800龙骨	0
隔墙模块	1200模块		1	竖龙骨 竖龙骨	76
	1150模块		2	L模块	3
	1100模块		2	收边模块 T模块	5
门模块	900门		5	一模块	2

图 4.1-7 灵动户型二（三室）及其隔墙构件表

种类		图例	数量	种类	数量
饰面板	600装饰板		40	横龙骨 600龙骨	20
	550装饰板		18	550龙骨	9
	500装饰板		0	500龙骨	0
	900装饰板		0	900龙骨	0
	850装饰板		8	850龙骨	4
	800装饰板		0	800龙骨	0
隔墙模块	1200模块		2	竖龙骨 竖龙骨	66
	1150模块		2	收边模块 L模块	3
	1100模块		0	T模块	3
门模块	900门		4	一模块	2

图 4.1-8 灵动户型三（两室）及其隔墙构件表

种类		图例	数量	种类	数量
饰面板	600装饰板		38	横龙骨 600龙骨	19
	550装饰板		20	550龙骨	10
	500装饰板		0	500龙骨	0
	900装饰板		2	900龙骨	0
	850装饰板		8	850龙骨	4
	800装饰板		0	800龙骨	0
隔墙模块	1200模块		1	竖龙骨 竖龙骨	66
	1150模块		1	收边模块 L模块	3
	1100模块		3	T模块	5
门模块	900门		5	一模块	2

图 4.1-9 灵动户型四（三室）及其隔墙构件表

种类		图例	数量	种类	数量
饰面板	600装饰板		48	横龙骨 600龙骨	24
	550装饰板		44	550龙骨	22
	500装饰板		2	500龙骨	1
	900装饰板		2	900龙骨	1
	850装饰板		8	850龙骨	4
	800装饰板		0	800龙骨	0
隔墙模块	1200模块		3	竖龙骨 竖龙骨	104
	1150模块		2	收边模块 L模块	5
	1100模块		2	T模块	8
门模块	900门		7	一模块	3

图 4.1-10 灵动户型五（四室）及其隔墙构件表

几种户型变化所需隔墙构件见表 4.1-6。

户型变化隔墙构件数统计表　　　　　　　　　　　　表 4.1-6

类别	种类	初始户型	灵动户型一	灵动户型二	灵动户型三	灵动户型四	灵动户型五
饰面板	600 装饰板	48	44	46	40	38	48
	600A 装饰板	44	8	22	18	20	44
	600B 装饰板	2	—	—	—	—	2
	900 装饰板	2	2	—	—	—	2
	900A 装饰板	8	4	8	8	8	8
门模块	门模块	3	2	1	2	1	3
	门（1200A）模块	2	1	2	2	2	2
	门（1200B）模块	2	—	2	—	3	2
横龙骨	600 龙骨	24	22	23	20	19	24
	600A 龙骨	22	8	11	9	10	22
	900B 龙骨	1	—	—	—	—	1
	900 龙骨	1	1	—	—	—	1
	900A 龙骨	4	2	4	4	4	4
竖龙骨	标准竖龙骨	104	58	76	66	66	104
连接模块	L 型连接模块	5	2	3	3	3	5
	T 型连接模块	8	1	5	3	5	8
	一模块	3	1	2	2	2	3

通过统计以上五种户型所需的隔墙零部件可以看到：虽然从初始户型到灵动户型五的六种布局变化非常丰富，但是零部件的数量差别可控，主要都是局部零件的更换或移位，不是对整个户型的重新翻修。

4.1.4 可拼装模块化隔墙与主体结构的连接

为了更好的实现隔墙的自由拼装，各隔墙模块与墙面、顶面、地面的连接需不破坏原有的面层。以此为目标进行模块之间连接方式的探索，设计采用可调节的螺栓进行挤压调平；用弹性胶条及密封条隔声隔振；用收边条等收口件装饰收口，设计可调节 50mm 之内的施工误差，且不破坏和影响结构及面层。（图 4.1-11、图 4.1-12）

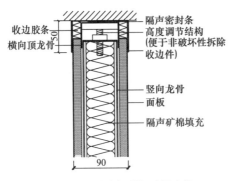

图 4.1-11　隔墙系统顶部连接

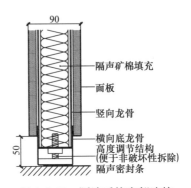

图 4.1-12　隔墙系统底部连接

4.1.5　可拼装模块化隔墙模块的连接与机电管线集成

空间灵动家的自由灵动通过产品化的机电管线方案，以及模块化可拼装智能隔墙实现，见图 4.1-13、图 4.1-14。

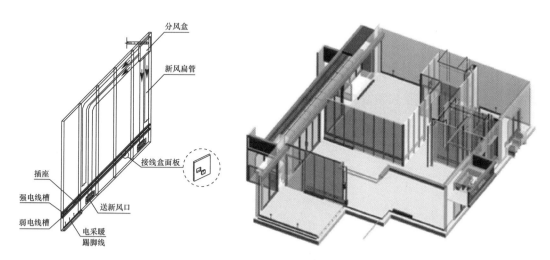

图 4.1-13　集成机电管线模块化可拼装智能隔墙　　　图 4.1-14　空间灵动家机电管线示意图

（1）设踢脚线电采暖采用半隐藏式外观设计不影响室内装修，利用踢脚线空间，与智能隔墙相结合，模块化拼接，不占用房间空间，不破坏原有装修，卡扣式安装方便，同时可实现使用电脑或手机 APP 远程智能开关控制。

（2）设创新研发新风管仅 30mm 厚，敷设于智能隔墙内部，模块化拼接，通过隔墙下部的新风口送风、顶部回风，节省空间。

（3）设智能隔墙内部安装强弱电管线布置管槽，线槽与智能隔墙结合采用模块化拼接，强弱电管线布置管槽，管线与线盒结合龙骨布置，线盒面板与饰面板结合设计，实现智能隔墙电气管线技术高度预制化、标准化，通过管线与墙体的有机融合，实现强弱电设备与智能化设备设施的自由快速安装使用。

4.2　结构技术创新

4.2.1　在空间灵动家中应用装配式整体叠合结构成套技术

工业化是我国建筑业的发展方向，面向未来的空间灵动家，也必然会与适合工业化生产的结构体系相结合。装配式整体叠合结构成套技术在实现结构构件工业化生产的同时，具有良好的整体性能、可靠的防水性能，预制构件之间的连接可检测等诸多优点，是空间灵动家结构设计工业化的优先选择。

1. 预制大尺寸墙板

空间灵动家户型的结构开间均较大，普通预制墙由于重量较大，需要用多块预制墙板拼接，造成建筑户内墙面平整度不统一，外立面存在较多的拼接缝。装配式整体叠合结构成套技术预制墙构件为空腔构件，其自身重量轻，配合定制模台可生产近 12m 长的墙板，可将墙体的拼接位置放在建筑角部，保证户内墙体平整，外立面整洁。

2. 叠合层设置

为保证结构整体性，充分发挥预制楼板的刚性楼板作用，设置不小于 60mm 厚的后浇混凝土叠合层。预制楼板顶面应设置凹凸深度不小于 4mm 的粗糙面。

4.2.2 双向预应力预制板[①]

在空间灵动家中，由于大跨度楼板的应用，导致板厚增加，这直接影响建筑净高乃至层高。结构设计需在受力合理的前提下尽量减薄楼板，避免对建筑方案产生过多的影响。通常情况下，双向受弯的楼板，其厚度一般小于单向受弯板。但现有大跨度结构体系中，能实现双向传力的一般均为现浇结构。预制构件由于拼接缝的存在及生产工艺的限制，往往只能实现单向预应力及单向受弯。

但预制构件大多为工业化产品，工业化产品的品质相对稳定，并且能缩短项目建造工期，具有一定的优势。那么，一种既能够工业化生产，又能够实现双向传力的大跨度预应力楼板的需求就凸显了出来。

图 4.2-1 所示的大跨度楼板，在主要受力方向采用先张法张拉预应力钢筋，并与楼板一起在工厂预制，在次要受力方向预留孔道，现场采用高强快干混凝土浇筑楼板接缝使之成为整体后，张拉预应力孔道内的预应力钢筋，最终形成双向受力体系。当预制板厚度较大时，可以采用空心楼板形式以减轻自重，从而达到减轻楼板荷载、增加建筑净高、降低结构造价的目的。二次张拉预应力，配合专门的措施，可以对预应力板初始的跨中反拱进行调整。

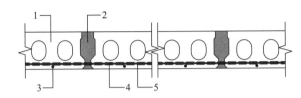

图 4.2-1　双向预应力混凝土空心板

1—预制双向预应力板；2—高强快干混凝土；3—先张预应力筋（工厂张拉）；

4—后张预应力筋（现场张拉）；5—预应力筋预留孔道

---

① 专利号：2019113755089。

4.3　给排水技术创新

根据工业化可变住宅的需求及机电设计原则，为方便不同户型灵动，从给排水专业的角度对 SPCH3.0 给排水技术提供一些技术创新方案。

4.3.1　给水系统技术创新

给水管道敷设方式：

当用户根据需求变动户型改动卫生间时，如何使用户方便的改造给水管道是我们需要解决的问题。

目前住宅的常规做法，是在核心筒内设置集中水管井，井内设置分户计量水表，分户供水支管在建筑垫层内敷设至卫生间及厨房各用水器具。

空间灵动家给水系统管道在敷设至卫生间后与上述做法略有不同，其给水管道沿垫层敷设至卫生间的排水管井内，占用一部分的管井空间设置阀门及检修口后，沿卫生间吊顶敷设至各卫生器具用水点。

该做法有以下优点：

（1）阀门前的给水管道属于固定管段，无论建筑户型如何灵动，该段管道均不改动，不会改动建筑面层，对建筑灵动无影响。

（2）阀门后的管道为可变管段，住户根据使用需求的变化而变动卫生间房间布置、器具样式、甚至取消该卫生间时，该段管道均可随意改动、取消，而不会对建筑产生任何影响。

如图 4.3-1 示例中给水管道分为固定管段和可变管段，当卫生间内器具根据需求改动时，给水管道只改动卫生间吊顶内给水管道，完全可以随建筑布局的灵动而变动。

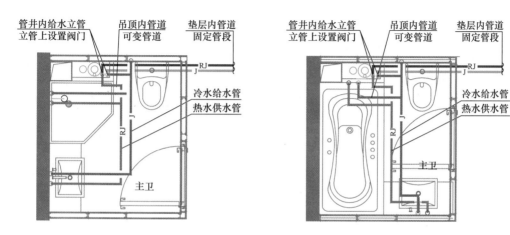

图 4.3-1　卫生间给水管道灵动变化示例

4.3.2 排水系统技术创新

在户型变化时，卫生间若采用异层排水对户型的变化限制较大，此时卫生间布局均无法灵活改动。因此，在SPCH3.0及以上代系卫生间均需采用同层排水，可减少邻里纠纷，提高隔声效果，可自由灵动的改动卫生间布局，方便维修。

不降板卫生间同层排水系统[①]：

由于空间灵动家建筑多采用无梁无柱的极简结构形式，结构楼板多采用大跨度叠合板，故研发一种适合于该结构体系的不降板同层排水系统，其设计特点如下：

（1）利用建筑面层厚度及叠合板后浇层预留槽的深度作为排水管敷设的空间，其预留槽宽度一般为100～200mm，深度根据叠合板后浇层的厚度做法，一般在40mm深，故可增加约40mm深的管道敷设空间。

（2）坐便器均采用后排式，坐便器排水管道、水箱均隐藏于墙体内。

（3）淋浴使用直通地漏，同时设置集中水封（如排水汇合器），可以提高排水支管起点的安装高度。

（4）敷设于建筑面层下的De50排水管道，宜采用HPDE排水管，热熔或橡胶圈密封连接，坡度采用0.012～0.015，最大限度的减少排水管道敷设所需的安装高度。排水管道可以工厂预制，现场装配施工，提高效率。

通过以上技术手段，使住宅内卫生间达到不降板同层排水的目的。如图4.3-2所示。

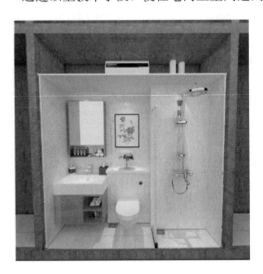

图4.3-2　不降板同层排水卫生间示意图

但是由于该系统的实现主要与建筑面层厚度有关，并且北方及南方地区地面面层做法厚度不同，故相应的排水管道敷设特点亦不同，下面就这两种地区住宅卫生间采用不降板

---

① 专利号：2018115250205、2019223057638。

同层排水系统的技术特点进行说明。

(1) 南方地区，建筑面层做法在 70mm 左右时

利用同层排水汇合器，地漏可采用直通型地漏或淋浴地漏采用特殊的边墙型直通地漏，坐便器采用隐蔽水箱后排式坐便器，水箱可以隐蔽于墙体内，大便器排水管道在地面上安装，其余卫生器具（洗手盆、浴盆、地漏）的排水管道利用叠合楼板的后浇层预留管槽（40mm）及建筑面层敷设。坐便器及洗手盆、地漏排水分别排至同层排水汇合器的污水接口和废水接口，污水直接排放，废水经过同层排水汇合器的水封后再排放，防止臭气外逸，达到不降板即可同层排水的效果。其排水管道敷设做法如图 4.3-3 所示。

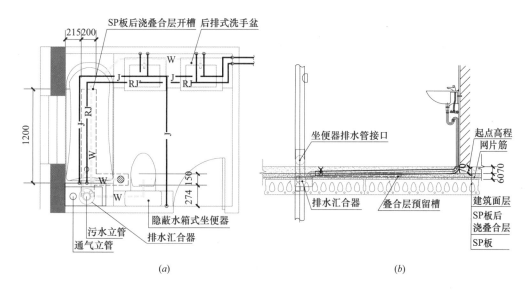

图 4.3-3　不降板同层排水做法示意图（一）

（a）卫生间排水平面图；（b）卫生间剖面示意图

以上述南方地区卫生间为例，De50 塑料排水管（HDPE）起点管底距卫生间地面 70mm，管道可敷设的空间高度为 30mm，坡度采用最小坡度 $i=0.012$，则排水管道最远可敷设长度为 2.5m。上例中卫生间排水管道最远敷设长度均在 2.5m 以内，另外由于浴盆排水管与洗手盆排水管共用管槽，其宽度为 200mm。对于住宅内的卫生间，该敷设距离基本都可满足。

(2) 北方地区，建筑面层做法在 110mm 左右时

在北方地区，其地漏及卫生间器具的选取和布置原则与南方地区做法一致，但其建筑面层由于采用地暖的原因厚度一般为 110mm，比南方地区面层厚约 40mm，故当卫生间面积不大，排水管道敷设距离不远（不大于 2.5m）时，卫生器具（洗手盆、浴盆、地漏）的排水管道主要利用建筑面层厚度（110mm）敷设，可不在叠合板后浇层预留管槽。具体做法如图 4.3-4 所示。

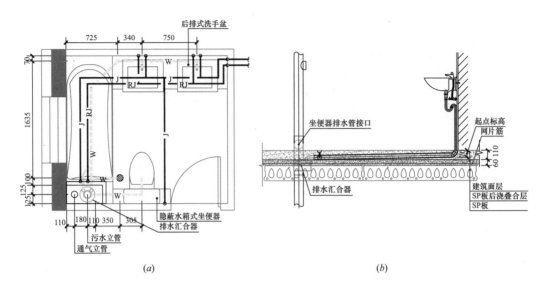

图 4.3-4　不降板同层排水做法示意图（二）

（*a*）卫生间排水平面图；（*b*）卫生间排水剖面示意图

（3）北方地区不设置排水汇合器的敷设方法

在北方地区，利用叠合板后浇层留槽，可用于敷设排水管道的高度在 150mm 左右，此高度在一定情况下，如地漏离排水立管较近，排水管道敷设距离不远（不大于 2.5m）时，可不设置排水汇合器，此时地漏需采用自带水封的产品，坐便器采用隐蔽水箱后排式坐便器，其余卫生器具排水支管利用建筑面层及叠合楼板的后浇层预留管槽（40mm）敷设。具体做法如图 4.3-5 所示。

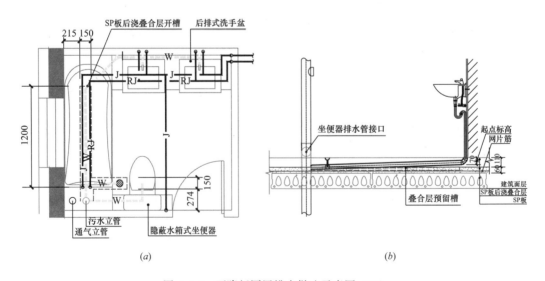

图 4.3-5　不降板同层排水做法示意图（三）

（*a*）卫生间排水平面图；（*b*）卫生间排水剖面示意图

（4）不降板卫生间同层排水系统其他注意事项

1）各灵动户型内排水管井位置均不变，因为建筑户型灵动的变化，对于给排水专业，首先考虑的是厨、卫排水管井的位置。由于住宅户内厨、卫的排水系统均为重力流系统，排水管井位置的改动对上下层用户的影响非常大，故空间灵动家内排水管井位置均不随户型变化，并且管井应结合卫生间排风井道共同设置，且宜贴临外墙，以减少对建筑室内隔墙变化的影响。

2）坐便器的布置需靠近管井布置，方便坐便器排水管道排至污水立管，如上述各图所示坐便器与污水立管的位置关系。

3）上述不降板同层排水系统仅对排水管道及其敷设的技术特点进行介绍，其卫生间的系统形式可以采用多种形式，可采用传统式卫生间，亦可采用装配式整体卫生间，此时其防水底盘需采用地脚支撑的形式，其做法详附录 A.4.2-1。

4）在工业化的实施过程中，同层排水系统的管道方便于工厂分段生产，现场组装的安装方式，可减少粉尘和现场废料。

在空间灵动家灵动户型管道的安装实施过程中，工业化的内容可分为标准管道类，用于住宅内的相同管道部分，在工厂内大批量的生产；另一种是非标准管道类，用于用户个性化定制管道部分，可在现场设置集中加工基地，适应性的生产方式可以扩大工业化生产的部品数量，提高效率。

4.3.3　给排水创新技术应用

以 3.5 节所述四室户型灵动至一室户型为例，依据空间灵动家机电设计原则（详3.1.3）以及上述给排水创新技术，SPCH3.0 给排水技术方案如图 4.3-6 四室户型给排水BIM 模型所示，给水系统管道一部分为垫层内敷设的固定管段，另一部分为吊顶内敷设的可变管段，方便灵动。排水管道利用叠合层留槽敷设，实现不降板同层排水。

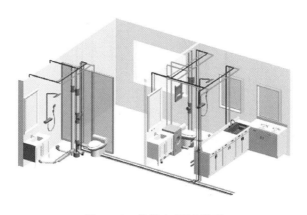

图 4.3-6　给排水 BIM 模型

1. 给水系统设计

SPCH3.0 应用项目，其户内给水系统的设计需考虑户型变化时给水系统的变化原则及实现方式。户内给水由设置于核心筒水管井内的给水立管供给，在分户水表后，给水管道分为敷设于垫层内的固定管段，在户型变化时该段管道均不改动，及敷设于卫生间、厨房吊顶内的可变管段，该段管道在户型变化时随卫生间布局、功能的调整而改动。如图 4.3-7 四室及一室户型厨卫给水平面图所示。

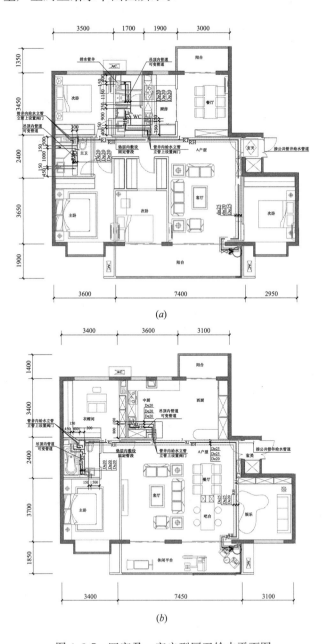

(a)

(b)

图 4.3-7　四室及一室户型厨卫给水平面图
(a) 四室户型厨卫给水平面图；(b) 一室户型厨卫给水平面图

2. 排水系统设计

项目所在区域为南方地区，建筑面层厚度 70mm，户内卫生间排水系统可采用上述适用于南方地区的不降板同层排水系统，需在叠合板后浇层预留 150mm 宽，40mm 深管槽。如图 4.3-8 四室及一室户型厨卫排水平面图所示。

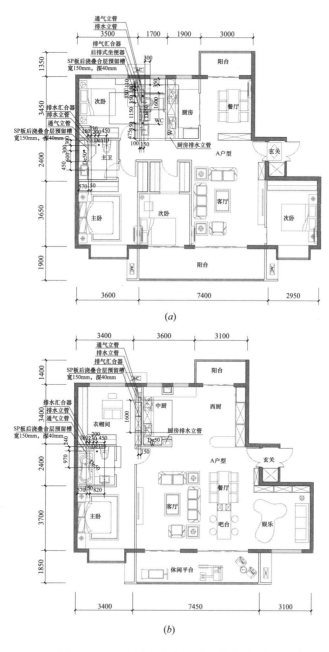

图 4.3-8 四室及一室户型厨卫排水平面图

(a) 四室户型厨卫排水平面图；(b) 一室户型厨卫排水平面图

3. 给排水设计注意事项

通过以上两种变化最大户型的给排水设计图纸可以看出，在 SPCH3.0 给排水系统的设计过程中，其主要需要考虑以下因素：

（1）给水系统

1）在垫层内敷设的不变管段不影响建筑户型的灵动，而敷设于吊顶内的可变管段，当卫生间布局变化时可便捷的改动，如上述户型中主卫的变化。

2）当卫生间取消时，如四室户型变化至一室户型时，已取消了客卫，该区域扩大为卧室及厨房的一部分，给水管道的改动只是相应的取消吊顶内原有的给水管道，并根据新的厨房布局，敷设新的给水管至厨房用水点，改动方便。

3）关于固定管段的设计，沿客厅、餐厅等区域墙角敷设；可变管段敷设于卫生间吊顶内；管井内给水立管需设置给水阀门，以便取消此处用水点时关断用水。

（2）排水系统

1）SPCH3.0 卫生间排水均采用不降板同层排水系统，根据建筑面层厚度的不同有三种做法，可根据项目的具体情况进行选择。

2）当在叠合板后浇层进行留槽敷设排水管道时，需在排水平面图中注明留槽宽度、长度、深度及定位尺寸并需提交结构专业。

3）当建筑功能改变，本层排水立管处无排水设施接入，此时需采用可活动扣板封堵立管上相应的排水接口。

4.4 暖通空调技术创新

4.4.1 供暖系统

住宅建筑供暖系统的形式多种多样，但是随着时代的发展，从节能和提高供暖房间的人员舒适度以及建筑工业化等方面，供暖形式也有新的技术逐渐迭代替换原有供暖形式。经多年的"优胜劣汰"之后，现在工程项目中常用的有散热器供暖系统、热水地面辐射供暖系统、碳纤维地面辐射供暖系统、（踢脚线）环形水暖系统和热泵型分体空调供暖等。其中有些系统由于管道设置需求或其他原因，不适用于空间灵动家 SPCH3.0 及以上的建筑方案。现针对"同一户灵动变化方案"，在相对适合的供暖形式（预制供暖板模块水地暖和踢脚线电加热器）基础上进行改进，给出适合的解决方案，具体如下。

1. 预制供暖板模块水地暖

预制供暖板模块水地暖的系统特征主要相同于上述"3.4.4、1、（1）混凝土填充式热水地面辐射供暖系统"，这里不再赘述。

（1）存在问题及解决方案

预制供暖板模块水地暖，虽然是目前地暖中技术比较领先的形式，但是也有一些待解决的问题，主要是还需全面考虑压力的承载、使用均匀度与舒适度的问题以及避免木地板与地暖管之间无持力层而导致木地板翘曲变形的情况。针对以上问题，相应的解决方案有：

1）干式地暖模块采用由高强度挤塑聚苯板和附着于表面的均热层组成，该模块在工厂预制生产，现场拼装，模块表面带有固定间距的沟槽，用于铺设加热管。该产品强度高，模块压缩强度≥1000kPa（考虑可移动隔墙、带腿家具等）；导热系数小，燃烧性能B1级；产品环保，无毒无害。此地暖模块具有混凝土地面强度，适合空间灵动家系统的内隔墙在其上灵活移动。

2）"图4.4-3地面构造做法示意图"是在加热管上面设置蓄热面板，起到"均热层"作用，兼顾解决了木地板与地暖管之间无持力层而导致木地板翘曲变形的问题。

3）干式地暖模块，在施工铺完地暖模块和散热管后，当地面饰面为木地板时，可采用一种胶①抹在散热管和木地板之间，可以避免散热管直接加热木地板、延长木地板的使用寿命，同时起到连接紧固的作用；当地面饰面为地砖时，这种胶均匀涂抹于地砖下面，粘贴地砖，特点是快捷施工。

（2）该做法对于空间灵动家灵动户型变化，具体响应如下：

1）建筑户型灵动，即内隔墙从现在位置移动到新户型的相应分隔位置，地暖模块的承载力均匀且可承受隔墙的压力。

2）针对建筑灵动户型中的某种户型，铺设地暖盘管，即使日后户型变化、家具等重新摆放，地暖盘管上面的均热层，使得家具下面不会局部过热、而其他区域热量不足，使用均匀度与舒适度均较好，且同时可以避免木地板翘曲变形的情况。

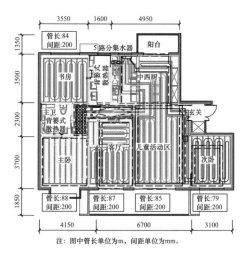

图4.4-1　预制地暖模块供暖平面图（两室）

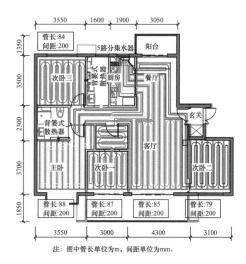

图4.4-2　预制地暖模块供暖平面图（四室）

① 日本的积水MS胶。

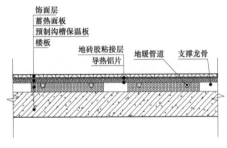

图 4.4-3　地面构造做法示意图

（3）户型灵动时，隔墙在地暖模块上移动变化情况

在进行不同户型之间的变化时，对地暖系统影响的位置和方式不同，设计铺设地暖系统模块，现以四室和两室之间户型灵动为例，隔墙移动落至预制地暖模块的不同位置，具体说明如下（详见图 4.4-1 和图 4.4-2）：

1）主卧与次卧一之间的隔墙移动，落至原次卧一的地暖模块上，预制模块的保温板为高强度挤塑聚苯板，模块抗压强度≥1000kPa，De20 供暖管位于沟槽内，上面再铺设蓄热面板（可以均热均力），完全可以承受可移动隔墙向下的压力强度（约 410Pa）。

2）次卧一与客厅之间的隔墙取消，形成较大客厅，原设置隔墙的位置，现摆放带腿餐椅，餐椅上坐人时，预制模块地暖系统可承受。

3）厨房和餐厅之间的隔墙取消，灵动为中西厨，四室时此处地暖盘管铺设在门洞口处，灵动为两室后，此处隔墙和门均取消，对地暖盘管系统没有影响。

2. 踢脚线式电加热器

（1）结合空间灵动家户型可变的改进方案[①]

踢脚线式电加热器是目前较先进的电加热器，即采用空气对流原理，传导介质本身即为空气，且独特的长出风口形成典型的面式散热，克服了方形及其他形状点式散热的弊端，功率密度分散，散热性能优越。但针对空间灵动家的可变户型方案，考虑电加热器与智能隔墙结合、并设置于踢脚线位置，以方便灵动。采取两种改进方式：

1）改进电加热器高度，使它与隔墙的装饰踢脚线高度一致。

2）将电加热器部分设置于隔墙下部的内凹踢脚线处，这种半隐藏式设计对室内装修没有影响。采用这种方式，可以不受空间灵动家的内隔墙移动影响，装在踢脚线位置，随着隔墙的移动拆装方便。

电加热器的长度与隔墙装饰踢脚线的模数统一，同时电加热器的样式规格、面料颜色等与踢脚线协调一致，实现设计标准化、生产工厂化、现场高效装拆，推动建筑工业化的发展。

（2）该做法对于空间灵动家灵动户型变化，具体如下响应：

1）灵动户型变化时，室内隔墙从现有位置移动到新户型的相应分隔位置，踢脚线电加热器随着模块隔墙整体移动，因为电加热器和隔墙模数统一，最终电加热器和智能隔墙仍是整体一致。

2）踢脚线式电加热器表面的样式规格、面料颜色等，与智能隔墙的装饰踢脚线协调开发，供暖设备对户型变化后的室内装饰装修效果影响最小。

---

① 专利号：201921648277X。

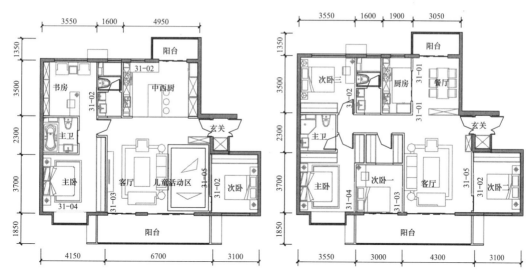

图 4.4-4 踢脚线电供暖平面布置图（两室）　　图 4.4-5 踢脚线电供暖平面布置图（四室）

踢脚线电暖气的规格表　　　　　　　　　　表 4.4-1

型号	功率（W）	电压（V）	设备尺寸（mm）	供暖面积（m²）
31-01	500	220	600×63×150	6
31-02	1000	220	1200×63×150	12
31-03	1250	220	1500×63×150	15
31-04	1500	220	1750×63×150	18
31-05	2500	220	2550×63×150	28

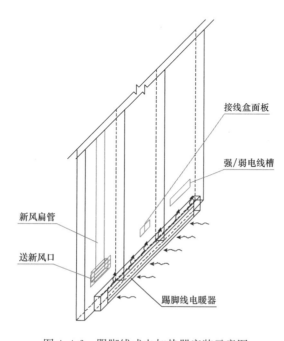

图 4.4-6 踢脚线式电加热器安装示意图

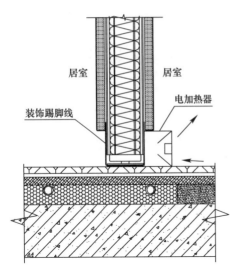
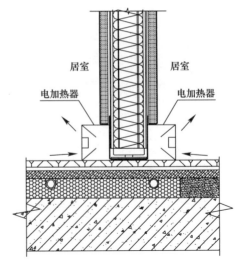

图 4.4-7　踢脚线式电加热器安装剖面图（一）　　　图 4.4-8　踢脚线式电加热器安装剖面图（二）

（3）户型灵动时，隔墙移动带来的踢脚线位置变化

不同户型之间的变化，对踢脚线电加热器的位置和方式影响不同，设计安装踢脚线式电加热器，现以四室和两室之间户型灵动为例，隔墙移动带来电加热器的位置变化和重新安装，具体说明如下（详见图 4.4-4 和图 4.4-5）：

1）主卧与次卧一之间的隔墙移动，原主卧的踢脚线式电加热器位于主卧与次卧一之间隔墙内侧面，灵动为两室后，此隔墙向次卧一方向平移、且此面隔墙处摆放了柜子，故将踢脚线式电加热器移至主卧室飘窗底部，原隔墙的踢脚线位置露出原装饰踢脚线。

2）次卧一与客厅之间的隔墙取消，形成较大客厅，即原次卧一放置踢脚线式电加热器的隔墙取消，此电加热器移至大客厅与主卧之间的隔墙底部，向大客厅供热。

3）厨房和餐厅之间的隔墙取消，灵动为中西厨，四室时餐厅的电加热器设置在餐厅与厨房的隔墙底部，灵动为两室后，此处隔墙和门均取消，餐厅的电加热器移至两室的中西厨外墙底部。

4.4.2　隔墙内管路送新风系统[①]

该系统为一种新型送新风系统，做法为：具有热回收功能的新风换气机吊装在厨房吊顶内，送风主管经过客厅的窗帘盒内，到达建筑隔墙处的分风盒，之后由分风盒出来各分支风管去往各房间的新风口处。如图 4.4-10 所示，分风盒的分出支管形式不限，由连接至各个房间新风口位置的方便可行性来决定；建筑隔墙为轻钢龙骨形式，利用内部净空间布置新风扁管，隔墙为一定宽度的模块拼装而成，风管长度较隔墙模块宽度长些，以方便连接各段风管。这种方式可以与内隔墙一起部品化生产，施工安装也简单高效，提高建筑工业化。

---

①　专利号：2018219466806。

1. 系统特征

新风机吊装在厨房吊顶内，这种吊顶机一般都具有较大风量，又通过合理的管路设计安装，通风效果较好；新风可以通过新风换气机的三重净化，即过滤大颗粒杂质、分解甲醛、吸收 VOC、过滤 PM2.5（效率达到 99%）；同时通过高效热回收达到节能目的。

风管可敷设于地面夹层内，如图 4.4-9 所示，也可以敷设于智能隔墙内，如图 4.4-10 所示，然后通过隔墙下部的新风口送风。

2. 主要优点

1）可以让冷暖空气定向流动，从而提高空调的使用效率，节能效率可高达 30%。

2）扁形风管高度只有 30mm，可以与地暖（架空式）敷设在同一高度，也可设置于智能隔墙中。

3）底部出风、顶部回风，管道不交叉，同时下送上回的气流组织形式，使户内形成了置换通风效果，可以保证较高的换气效率。置换通风是一种稀释室内污染物浓度的空气环境营造方式，较传统混合通风具有热舒适性以及室内空气品质更好、噪声小、能耗低等优点。

4）相对于传统上部送风的系统，此新风系统顶部不需要较大的空间来容纳风管及末端设备，节约吊顶空间，可降低 10%～15% 的楼层高度，做到了既不占用房间层高、同时也为户内空间灵动提供了送新风解决方案。

5）这种新风扁管的星形布置方式[①]，避免了房间与房间之间的噪声传播，具有消声方面的优势。

3. 适用情况

卧室和客厅等无装修吊顶。

适用于 SPCH2.0、3.0。

典型布置平面图和隔墙内新风管道示意图如图 4.4-9、图 4.4-10 所示。

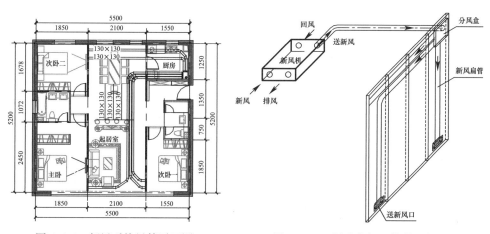

图 4.4-9　新风系统风管平面图　　　　图 4.4-10　隔墙内新风管道示意图

---

① 新风扁管均由公共的分风盒引出，每个分支带一个房间。

4.4.3 家用空调新风一体机[①]

目前住宅建筑常用的空调方式有分体空调器、多联机空调系统、户用空气-水热泵空调系统等。这些空调方式各有特色，适应于不同的地区、消费水平、投资预算等。但是后两种系统的室内机和管路均需要设置于吊顶内，且管道保温使之占用较大空间，随户型变化改动困难，并不适用于空间灵动家 SPCH3.0 及以上的建筑方案。故考虑分体空调方式，但对于空间灵动家的灵动方案，这种方式有以下两个缺点：室内机安装于内墙侧壁，不能很好地适应房间变化隔墙移动的需求；仅是对房间空气的制冷/制热，并无新风引入，这对于现代及未来住宅，人们日益增长的新风需求并不匹配。

关于住宅新风系统，如果新风采用常规的制冷之后用管道送入室内的方式，由于新风管道外表面会结露，所以需要设置保温，这样不仅会增加占用室内空间的高度，还会在保温疏漏处由于凝结水而产生霉菌，所以寻求减少室内管路、最简单直接的方式，做到少占空间、减少二次污染。

针对以上分体空调及传统新风系统的缺点，结合空间灵动家的实际需求，创新出适用于灵动户型需求的具有制冷/热、新风引入和过滤清洁功能的家用空调新风一体机产品。

设计布置空调机内各部件的规格尺寸，根据流程将其合理摆布，构造成为适合建筑不同场景安装的家用空调新风一体机产品。一体机制冷运行时，制冷剂流程：压缩机压缩制冷剂气体—高温高压制冷气体经过四通阀—高温高压制冷气体在冷凝器中冷凝将热量散放至室外—常温高压制冷液体经电子膨胀阀—低温低压制冷汽液混合体在蒸发器中蒸发将冷量传递给空气（送风）—低温低压制冷气体经四通阀—低温低压制冷气体经气液分离器—低温低压制冷气体回到压缩机。制热运行时，经四通换向阀换向后，反向运行，详见图 4.4-11。制冷运行时风的流程：在冷凝器空间，经排风扇作用，吸室外风经过冷凝器后，又吹出室外带走热量；在蒸发器空间，室外新风经短管进入（短管上带有风阀）、与室内回风混合后，在送风机动力下，经过滤器—蒸发器—电加热器（冬季开启），送入房间。制热运行时风的流程相同，只是风的温度不同（图 4.4-11）。

家用空调新风一体机的新风引入，是在回风侧边处，开新风引入口，新风经设备内的新风阀（该阀与送风机连锁启停）进入一体机后，与回风混合，再经制冷/制热处理后送入房间。这时的新风负荷也由一体机承担，所以需校核一体机的制冷/制热量，适当加大设备型号；同时在一体机内回风和新风混合段后设置过滤组件，经换热器后，北方地区冬季还需经过电加热部件，然后送风进入房间。这样的一体机室内无管路，即从根本上避免了结露产生霉菌对人体健康不利的危害，同时节省室内空间更适用于空间灵动家的户型灵动。

---

① 两个专利，专利号：2019224414810 和 2019224522995。

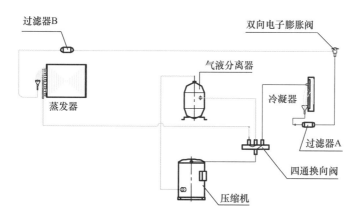

图 4.4-11　家用空调新风一体机工作原理图

注：蓝色为制冷管路、红色为制热管路

1. 针对现有分体空调，室内机安装位置不适应户型灵动以及空调和新风分设的缺点，进行技术改进

（1）对于建筑平窗方案

将传统分体空调室内机和室外机设计为一体机，并在回风侧引入新风，可根据窗下高度或窗侧高度设计标准大小的家用空调新风一体机，送/回风口直接由设备接室内墙壁的送/回风百叶，空调机与墙内短风管连接处设置隔振垫片。

因为设备的风管接口直接接至室内送风口和回风口，这要求风管接口要有一定的距离，否则送风和回风会短路。对于这种窗下空调，将回风接口与送风接口，设计在设备长方向的两侧，拉开送风与回风的距离，送风口和回风口水平设置在窗下部；对于窗侧空调，外置于窗侧边，空调内部将回风拉风管与送风保持一定距离，在设备内设短风管，回风从设备下部进入，然后经短风管穿至分隔板上部的制冷空间，这样也是把这段风管集成在设备内成为一体产品。

新风直接在设备的中间层，与回风同一侧面开百叶引入，然后经新风阀后与回风混合，再经换热器制冷/制热后送入室内。其中新风阀与送风机连锁启闭，以避免一体机不运行时，室内与室外通过新风口连通。

（2）对于建筑在同侧设置凸窗和落地窗的多个房间情况

设计适合安装在阳台外墙垛处的家用空调新风一体机，同时从设备上部拉向各个房间的风管采用模块化形式，分为带送/回风支管的标准管段和无风口的连接管段两种，规格分别可以是 2100mm 和 600mm，带支管的标准管段每个房间设置一个、连接管段根据需要设置一个或几个。然后接至每个房间外墙内壁的送/回风百叶，来对室内制冷/制热和送新风。

其中新风直接在设备的中间层，与回风同一侧面开百叶引入，其与回风混合，经过滤快插件、再经换热器制冷/制热后送入室内。

另外模块化风管是将送风管和回风管制作成一体，可以为左右或上下排布但中间有一层风管皮隔开，使得送风和回风不相通，同时送风侧带保温。模块化风管具有快装接口，通过快装接口，可以将不同风管及风管与设备方便快捷的拼装在一起。

（3）对于建筑设置单间落地窗方案

设计适合安装在阳台落地窗上方的家用空调新风一体机，较短的回风管集成于一体机内，设备直接靠近窗上侧外墙与落地窗上部的室内送/回风口连通，空调机与墙内短风管连接处设置隔振垫片。

因为设备的风管接口直接接至室内送风口和回风口，这要求风管接口要有一定的距离，否则送风和回风会短路。故将回风拉风管与送风保持一定距离，但在设备内拉矩形风管会遮挡冷凝器的散热，所以设计为圆形风管，散热用的进风气流沿圆管切线进入，对进气流影响很小；这样也是把这段风管集成在设备内成为一体产品。

新风直接在设备的中间层，与回风同一侧面开百叶引入，然后经新风阀后与回风混合，再经换热器制冷/制热后送入室内。其中新风阀与送风机连锁启停，以避免一体机不运行时，室内与室外通过新风口连通。

家用空调新风一体机的制冷/热量、适用面积及设备外观尺寸　　表 4.4-2

制冷/热量（W）	适用面积（m²）	一般功能		外观尺寸（mm）（长×厚×高）
4000/5000	14～23	单房间（卧室、书房等）	窗下机	1450×400×500
			窗侧机	600×400×1300
			窗上机	1450×400×500
12000/13000	40～55	带三个房间		600×600×1600

场景图片（室外）　　　　场景图片（室内）　　　产品透视图（一）　　　产品透视图（二）

图 4.4-12　家用空调新风一体机模型图片（窗下产品）

场景图片（室外）　　　　场景图片（室内）　　　产品透视图（一）　　　产品透视图（二）

图 4.4-13　家用空调新风一体机模型图片（窗侧产品）

场景图片（室外）　　　场景图片（室内）　　　产品透视图（一）　　　产品透视图（二）

图 4.4-14　家用空调新风一体机模型图片（落地产品）

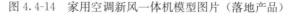

场景图片（室外）　　　场景图片（室内）　　　产品透视图（一）　　　产品透视图（二）

图 4.4-15　家用空调新风一体机模型图片（窗上产品）

2. 通过上面所述经技术改进的空调＋新风系统，满足空间灵动家对室内隔墙移动、户型变化的需求。该做法对于空间灵动家灵动户型变化，具体有如下响应：

（1）建筑户型在一室到四室之间变化时，内隔墙移动、室内房间分隔变化，但建筑外围护结构保持不变，将家用空调新风一体机置于室外侧的窗下部或侧边或上部、同时在窗框下面或侧边或上面开设送/回风口与室内相通。这种方式不影响室内空间进行灵动。

（2）家用空调新风一体机，利用全空气系统的一次回风原理，将新风引入到空调设备中，解决了空调和新风分设、系统较多给空间灵动带来不便的问题，新风与室内回风混合经制冷/制热处理后再送入室内，舒适度较直接引入室外新风要好（图 4.4-16、图 4.4-17）。

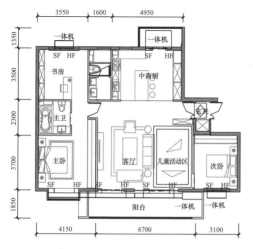
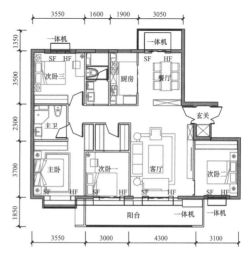

图 4.4-16　家用空调新风一体机布置平面图（两室）　　图 4.4-17　家用空调新风一体机布置平面图（四室）

3. 家用空调新风一体机设计应用

在进行不同户型之间的变化时，可能会影响送/回风口的位置，故需考虑不同户型的共同位置来设置送风口和回风口。现以四室和两室之间户型灵动为例，隔墙移动带来房间格局变化，空调送/回风口设置位置的具体考虑过程说明如下：

（1）四室的次卧一、客厅和餐厅、主卧/两室的客厅、中西厨、主卧室，这几个功能房间在相同位置均是落地窗/飘窗，窗上沿高度为 2.1m（层高 3.1m），在窗上部设置送风口和回风口，空调送风由一体机经管道接至房间内墙面的送风口、空调回风由房间内墙面的回风口经管道接至一体机；同时在设备的回风侧另开口引入新风，新风和回风混合后，经过滤和制冷/制热处理后送入室内。注意风管开风口的位置，在两种户型的公共位置，以免户型变化时将风口隔在另外的房间。这种情况可使用上述家用空调新风一体机的"落地产品"。

其中针对飘窗的房间，也可以单独使用上述家用空调新风一体机的"窗侧产品"。

（2）四室/两室北侧的餐厅，为阳台落地窗，窗上沿高度为 2.1m（层高 3.1m），家用空调新风一体机设置于阳台窗上部，接室内墙壁的送/回风口，为室内制冷/热和送新风。注意点与上述 1）相同。这种情况可使用家用空调新风一体机的"窗上产品"。

（3）四室南侧的次卧二/两室南侧的次卧、四室北侧的次卧三/两室北侧的书房，这两个房间为平开窗，在窗下部或侧边设置家用空调新风一体机。此设备安装位置，不影响四室和两室之间的户型灵动。这种情况可使用家用空调新风一体机的"窗下产品"或"窗侧产品"。

这种用于住宅中的供空调和新风方式，不需在建筑结构体中预埋设备管线，完全做到了管线分离。

同时这种供空调和新风的方式，把住宅中分散的空调和新风系统统筹考虑、整体式解决，在住宅建筑中的应用量多面广，易于标准化设计，由工厂进行集中批量生产，建立和完善产品标准和工艺标准等，不断提高标准化水平、推动建筑工业化的发展。

4.5 电气技术创新

4.5.1 电气技术创新概述

空间灵动家电气系统以住宅工业化、大空间可变为目标，结合创新的电气管线技术、无线技术，形成空间灵动家 SPCH3.0 电气管线系统解决方案。

由智能窗帘盒或干式地暖层电气管线形成系统主干部分；可拼装模块化智能隔墙管线与踢脚电气线槽形成系统支线；主干与支线通过接口模块连接，形成全屋电气系统覆盖。

　　为提高空间灵动家智能家居系统的集成度与空间可变性，开发出的智能窗帘盒，集成了智能家居系统的主要管线、无线设备等，简化智能家居系统的设置安装与升级。

　　绿色环保的低压微电网技术，将在未来把新能源互联网接入空间灵动家，使住户用上绿色、清洁、经济、环保的能源。

4.5.2　电气布线解决方案

　　与结构体分离的电气管线技术对空间的灵动有着重要的意义。研发出适合工业化生产的模块化可拼装智能隔墙管线技术与多种配套的管线分离技术相结合的方式，对层高、使用面积几乎不会产生不利影响的同时，实现快捷、灵动的管线布局，为智能家居等先进技术的实现创造可能。这种技术实现电气管线与结构体分离的同时，标准化程度高，适于工业化生产，安装便捷，适于大众住宅建筑。

　　1. 模块化可拼装智能隔墙管线技术①

　　模块化可拼装智能隔墙具有工业化与标准化水平高，安装方便灵活的特点。电气智能化布线与接口模块集成在每个模块化可拼装智能隔墙单元内，强弱电插座接线盒安装于两个布线槽单元间，适于住宅中供电、智能化与通信系统的安装。

　　多个智能灵动隔墙单元装配式拼接后，形成整面的模块化可拼装智能隔墙，内部电气布线系统联通，通过与其他布线方式（如地面布线单元或智能窗帘盒布线系统）连接实现电气管线系统的全屋覆盖。模块化可拼装智能隔墙单元拼接后形成的墙体布线系统见图 4.5-1。

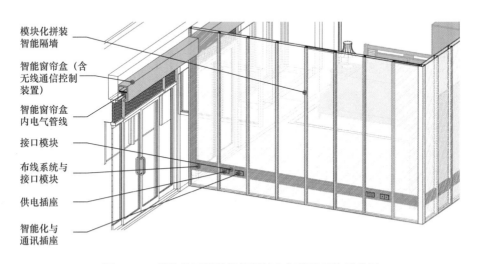

图 4.5-1　模块化可拼装智能隔墙电气管线系统示意图

　　模块化可拼装智能隔墙管线技术工业化、标准化程度高，适用于包括空间灵动家在内

---

　　① 专利号：2018221911677。

的各种大空间住宅系统的内隔墙电气化、智能化与通信系统。

2. 智能窗帘盒[①]

为提高空间灵动家电气系统的集成度与空间可变性，开发出智能窗帘盒。智能窗帘盒安装在门窗洞口上方，整合强弱电管线、无线网关与智能家居等电气设备，提高智能家居系统集成度与便捷度，简化智能家居系统的设置安装与升级维护。使智能化系统简洁美观，便于空间的变化。下面以较为典型的两种智能窗帘盒说明其结构与特点：

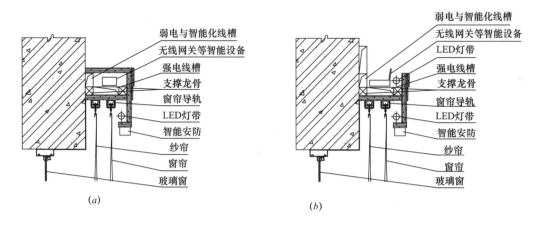

图 4.5-2　智能窗帘盒结构示意图
（a）智能窗帘盒 1 结构剖面图；（b）智能窗帘盒 2 结构剖面图

智能窗帘盒内部集成供配电、智能化与通信系统接口与无线设备，可与模块化可拼装智能隔墙内管线系统连接，实现全屋供电、智能与通信系统的覆盖，管线与结构体易分离的。见图 4.5-2。

智能窗帘盒集成多种应用，内部与外部均可安装多种电器装置，如智能无线网关、智能家居控制器、WiFi 网络天线、智能音响系统、红外无线双鉴防入侵探头等各种智能化与智能家居设备。下部含有智能电动窗帘、灯带及智能安防探头（玻璃破碎探头、视频探头、光照等环境检测探头）、空调控制模块、空气质量监控模块，同时支持对电动开窗器、室外电动遮阳板、空调与新风系统等智能家居系统的控制与联动。

3. 干式地暖层电气管线技术[②]

根据空间灵动家干式地暖的特点，在干式地暖层内沿外墙位置设置电气管线布线模块。模块内含有供配电系统及智能化与通信系统线缆。线缆从地面通过分支线槽引出到模块化可拼装智能隔墙。由于利用了干式地暖层，对室内空间净高无影响。布置时需避开卫生间湿区与水暖竖井区域。见图 4.5-3。

---

① 专利号：2019219467502。
② 专利号：201922325392x。

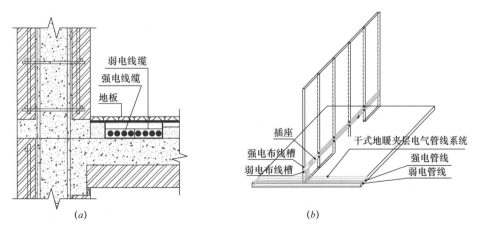

图 4.5-3 干式地暖层电气管线系统结构示意图

（a）干式地暖层电气管线系统剖面结构示意图；（b）干式地暖层电气管线接入内隔墙做法示意图

4. 电气踢脚线槽布线技术[①]

电气踢脚线槽采用金属材质，内部强弱电分开布置安装于墙脚，替代传统踢脚，上下侧均可出线。通过与其他管线技术结合，适合其他管线技术难以覆盖且缺乏管线夹层的区域。其构造见图 4.5-4。

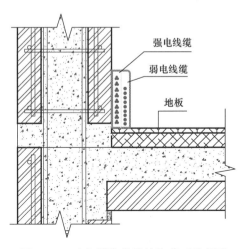

图 4.5-4 电气踢脚线槽结构截面示意图

5. 与内装结合的电气管线技术

住宅内装时，利用灯带、电视墙、床头板、橱柜、收纳空间形成的夹层敷设管线、安装设备，由于受装修设计影响大，难以保证管线全面覆盖，需与上述管线技术结合使用。

4.5.3 电气管线技术创新应用

上述电气管线创新技术，可形成全屋电气管线技术解决方案。实施方案如下：

———————————

① 专利号：2019223107800。

1. 方案一

主要特点是水平主干线通过智能窗帘盒敷设，结合模块化可拼装智能隔墙、电气踢脚线槽管线技术，实现全屋电气管线技术解决方案。见图 4.5-5。

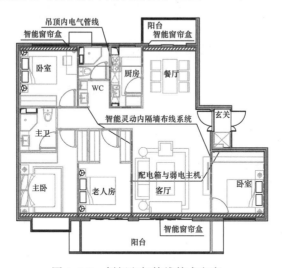

图 4.5-5　创新电气管线技术方案一

注：方案一用智能窗帘盒作为主要布线措施

实施过程如下：

（1）配电箱与弱电箱的出线，敷设至南北侧外墙上的智能窗帘盒。

（2）智能窗帘盒内电气线槽为电气管线提供与各个房间智能灵动内隔墙连接水平路径。模块化可拼装智能隔墙内集成电气线槽，当空间分隔变动时，只需将模块化可拼装智能隔墙内的电气线槽与智能窗帘盒内的电气线槽通过线槽 T 型接接线单元对接。

（3）在经过厨卫时，电气线槽在厨卫的吊顶内敷设。

（4）住宅东西端结构墙上的电气线缆，通过墙角的电气墙面线槽敷设到墙面底部的电气踢脚线槽上实现结构墙体上的管线覆盖。

智能窗帘盒的集成度高，内部管线与智能设备受隔墙变化的影响很小，其特点与优势是灵活可变、美观、智能化程度高。

2. 方案二

主要特点是水平主干线采用干式地暖层电气管线技术敷设，系统本身的覆盖范围较为全面，结合模块化可拼装智能隔墙管线技术，实现全屋电气管线技术解决方案。适合于采用地暖的项目。见图 4.5-6。

实施过程如下：

（1）铺设干式地暖模块时，在图 4.5-6 所示红色区域内设置地面电气线槽系统，电气线槽上方留有一定空间，以便线缆的引入、引出及管线交叉敷设。

（2）模块化可拼装智能隔墙内的电气线槽与地面电气线槽系统通过线槽 T 接接线单元对接。

3. 方案三

中央吊顶配线系统与模块化可拼装智能隔墙技术结合的电气管线解决方案。见图 4.5-7。

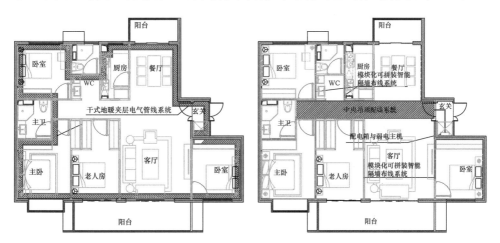

图 4.5-6 创新电气管线技术方案二   图 4.5-7 创新电气管线技术方案三

注：方案二用干式地暖层作为主要布线措施

实施过程如下：

（1）中央吊顶配线系统吊装于住宅中央走廊区域的顶部，多种装饰面，灯槽式与整体发光式等照明模块供住户选择。

（2）空间灵动变化时，通过中央吊顶式配线架系统侧边的电气管线接口与智能灵动内隔墙连接，实现管线系统的连通。

（3）中央吊顶式配线系统与无线设备为全屋提供 WiFi 与智能家居无线信号，并与集成的智能家居控制器、网关等一起构成智能家居系统主干。

4.5.4 空间灵动家低压直流微电网技术

1. 技术背景

低压直流微电网技术是绿色能源领域的未来之星，是未来绿色新能源互联网的基础。低压直流微电网技术与空间灵动家的结合，将在未来为用户创造绿色、安全、经济、智能化水平更高的生活环境。

2. 系统类型

低压直流微电网根据交流、直流、电压等级设置电网与网间接口（变压器与调制解调设备等），一般分为城市电网、小区电网与住宅内部微电网。其中小区电网根据其容量与供电范围，宜采用 DC100V 以上电压等级（如 DC240V、DC400V 等）；住宅内部微电网宜采用 DC100V 以下电压等级。网间均宜采用具有双向送电的转换与计量设备，网内一般由蓄能设备（电池）、负载、发电设备、直流配电系统与控制设备构成。

住宅户内部分采用 DC48V 系统较为适宜。DC48V 安全性较高，系统技术成熟，输出电流纯净稳定，不易拉弧，安全性高，成本较低维护方便，设备体积较小；但系统容量小，电压低，电流大，增加了损耗，不适合大型交流负载。住宅对用电安全要求高，系统容量小，无大型交流负载。采用 DC48V 系统成本低、设备小便于住宅内安装。系统容量较小的特点在住宅这种小范围小负荷场景下不甚明显。DC48V 系统技术经过多年在电信与 IDC 行业的应用，相关设备、配套已经较为成熟。

3. 系统形式及其特点

（1）空间灵动家低压直流微电网中，以能源互联的理念，采用先进的互联网及信息技术，实现能源生产与使用的智能化匹配及协同运行，以新业态方式参与电力市场，形成经济高效清洁的能源利用新载体。根据项目的特点，可接入太阳能、风能、余热发电等分布式能源发电设备、能源回收装置、自备小型发电厂在内的各类分布式电源、储能设备与相关的整流逆变器等设备设施。具有发电、能量回收、电力调峰等功能，实现能源的绿色节能、清洁、高效、可靠、安全利用。

（2）由于户内低压直流微电网具有相对独立的结构，可根据用户需求选择与外电网连接的电力网关功能与类型。

当住宅只有交流电源接入时，住宅内部可以组成一个低压直流微电网，内部的新能源发电设备可为住宅提供能源。适合有小型分布式能源，或者电网稳定性不高的地区。

4. 系统技术实现方式

较为典型的家居内低压直流微电网的设置方式如下，其平面构成可参考图 4.5-8。

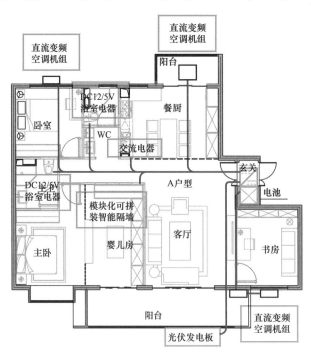

图 4.5-8　低压直流微电网户内布置示意图

（1）在玄关橱柜设置双向电力网关、控制器、配电箱、安全蓄电池组。这是低压直流微电网能源互联的主干设备。小区电网电源接入电力网关。

（2）光伏等新能源发电设备通过支流转换控制器与低压母线连入上述设备。

（3）供电方式：以±DC48V线路布设至各房间，并通过插接单元与电气设备连接。低压直流系统母线采用±DC48V为大功率设备供配电，如直流变频空调，电采暖器、电炉等。小功率设备使用单相48V供配电。由于无需整流逆变器等电路，直流电器电路系统得到简化，价格更低，电能损耗也会减小。

（4）管线技术特点：模块化可拼装智能隔墙、活动家具、整体厨房卫生间、储能回收装置、电采暖设备与各种用电设备设施均可通过标准化插接模块插接连接。结合小型配电带与标准化插接模块，使模块化标准化的内填充部品部件与设备实现即插即用，灵活多变。其布线形式可为多种形式，可布置在墙面、地面。

（5）除采用空间灵动家技术体系的各种管线技术外，还可在顶面通过超薄电线为小功率电器（如LED灯具）供配电，超薄电线在高于2.5m的天花板上直接水平敷设，见图4.5-9。

（6）模块化可拼装智能隔墙管线系统内置±DC48V电力接口与±DC48V母线连接，配置变压、逆变等模块，为不同电压、交流电器供配电，见图4.5-9。

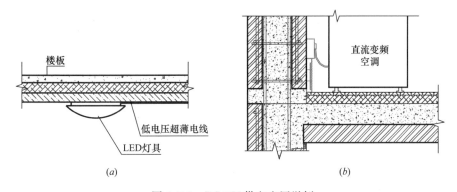

图4.5-9 DC48V供电应用举例

（a）超薄电线的应用；（b）±48V两相电的应用

（7）DC/DC隔离式变压器可为浴室0、1区内提供不高于DC12V的电源，浴室内可设置智能健康等安全电压设备。浴室0、1区的划分参见《建筑物电气装置-特殊装置和场所的要求-装有浴盆和淋浴盆的场所》IEC 60364-7-701第701.32条。

（8）交流电器的供电：出于对交流电器的兼容性需要，使用DC/AC变压模块，可兼容交流家用电器。

（9）由于采用低于50V的低电压，可与弱电线路一起敷设。

5. 绿色新能源技术应用

绿色新能源发电储存、输送、并网的问题在低压直流微电网中得到解决，为绿色新能源技术的应用铺平道路。

（1）能源回收

以往电梯减速等设备可回收的电能苦于难以交流并网只能浪费掉，低压直流微电网中，可通过使电机处于发电机状态，发出的能量简单处理后回收于小区低压直流微电网。同时由于采用直流供电，电机调速与控制系统更为简单经济。

（2）储能调峰

建筑用储能电池对功率密度要求不高，故可采用低成本长寿命高安全性的蓄电池或回收的电动车动力电池组成储能电站，用电高峰时向电网输电，用电低谷低价电或利用廉价能源充电。还可作为小区防灾事故应急电源。小区还可自备燃料电池作为备用电源。

（3）分布式能源

住户与小区自备的分布式发电装置，如光伏、风能、地热能等发电装置，可以通过简单地整流调压后接入低压直流微电网，同时由于发电设备无需自设昂贵的大容量电池组，设备成本低，可在较短的周期内回收投资成本，为绿色新能源技术应用打下良好的基础。

建筑内装技术集成

A.1 内隔墙构造与做法

A.1.1 条板隔墙体系：ALC

1. 尺寸规格

板宽：600m、900m、1200m。

ALC 尺寸规格表 表 A.1-1

板厚（mm）	75	100	125	≥150
板长（mm）	≤3000	≤4000	≤5000	≤6000

2. 典型节点①

轻混凝土条板隔墙面及板缝连接节点表 表 A.1-2

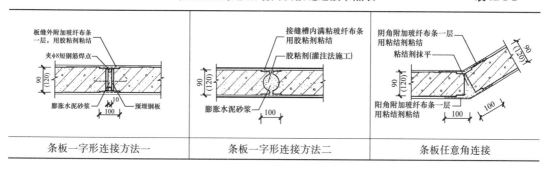

条板一字形连接方法一	条板一字形连接方法二	条板任意角连接

---

① 连接节点引自《轻质条板内隔墙》03J113、《蒸压轻质砂加气混凝土（AAC）砌块和板材结构构造》06CG01。

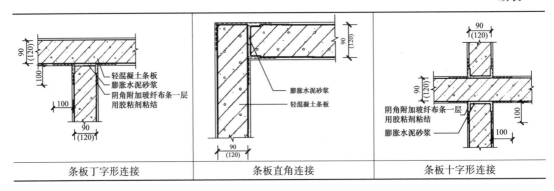

条板丁字形连接	条板直角连接	条板十字形连接

轻混凝土条板与结构墙连接节点表　　　　　　　　表 A.1-3

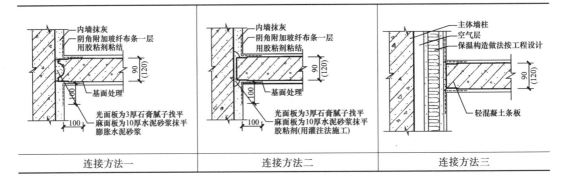

连接方法一	连接方法二	连接方法三

轻混凝土条板与楼顶板连接节点表　　　　　　　　表 A.1-4

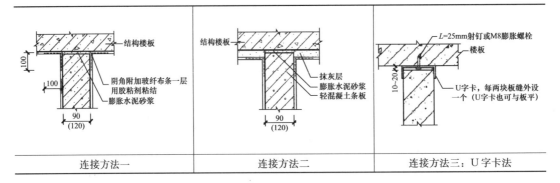

连接方法一	连接方法二	连接方法三：U字卡法

轻混凝土条板与结构梁板、梁连接节点表　　　　　　表 A.1-5

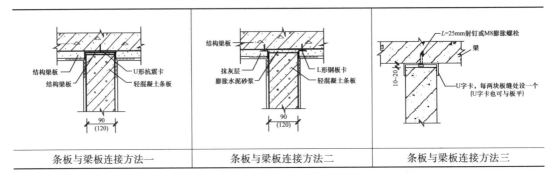

条板与梁板连接方法一	条板与梁板连接方法二	条板与梁板连接方法三

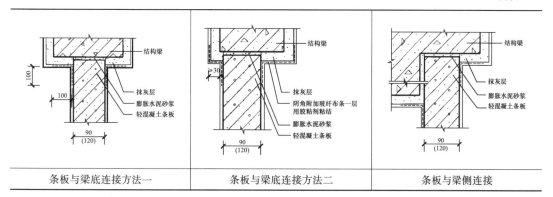

| 条板与梁底连接方法一 | 条板与梁底连接方法二 | 条板与梁侧连接 |

轻混凝土条板与楼地板连接节点表　　　　　　　表 A. 1-6

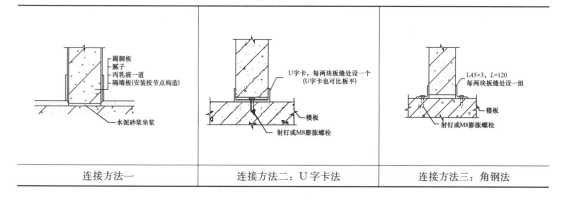

| 连接方法一 | 连接方法二：U 字卡法 | 连接方法三：角钢法 |

3. 防开裂做法

（1）保证板材施工前的含水率；

（2）采用专用胶粘剂粘贴，加强网粘贴牢固、平整；

（3）采用有机喷涂界面剂，喷涂均匀且不漏喷；

（4）柔性连接层处理：采用聚氨酯发泡剂填充饱满后用专用填充剂封堵，再涂密封胶，产生一个柔性封堵层，防止开裂；缝隙较大处使用 PE 棒的方式填塞，填塞密实后再用专用的胶粘剂封口，在缝口处使用纤维网格布覆盖，避免后期在缝口处的开裂。

A.1.2 增韧发泡水泥空心墙板

1. 尺寸规格

板宽：598mm、600mm。

ALC 尺寸规格表　　　　　　　表 A. 1-7

板厚（mm）	60	80	90	120
板长（mm）	2400～3000	2400～3500	2400～3500	2400～3500

2. 典型节点（注：a 为板厚，d 为板接缝宽度）

空心墙板隔墙面及板缝连接节点表　　　　　　　　　　表 A.1-8

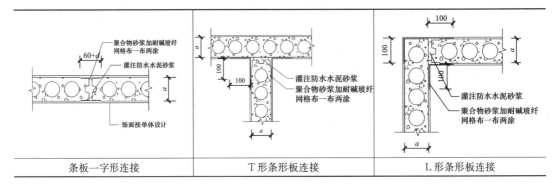

条板一字形连接	T 形条形板连接	L 形条形板连接

空心墙板与结构墙连接节点表　　　　　　　　　　表 A.1-9

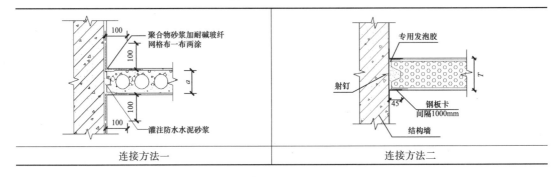

连接方法一	连接方法二

空心墙板与楼顶板连接节点表　　　　　　　　　　表 A.1-10

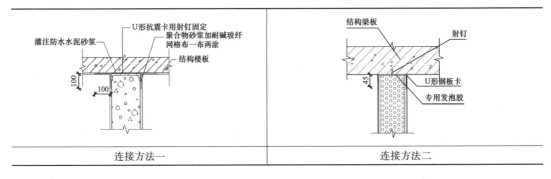

连接方法一	连接方法二

空心墙板与结构梁板、梁连接节点表　　　　　　　　　　表 A.1-11

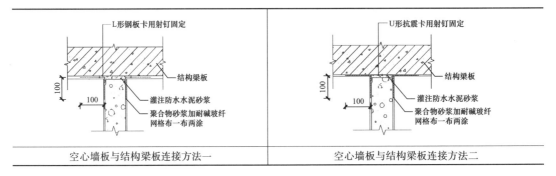

空心墙板与结构梁板连接方法一	空心墙板与结构梁板连接方法二

空心墙板与楼地板连接节点表　　　　　　　　　表 A. 1-12

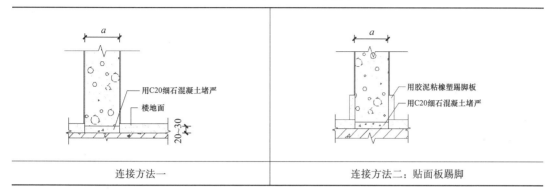

连接方法一	连接方法二：贴面板踢脚

3. 防开裂做法

（1）控制板材施工时的含水率，使用合适的胶粘剂，板缝处理要严格按操作工艺认真操作，在墙面增贴玻璃纤维类的墙布或涂喷饰面；

（2）墙面基础处理干净，抹灰前对墙体表面预处理，选择最佳粉刷层配合比，选择最佳粉刷层配合比；

（3）运输途中保证轻拿轻放，侧抬倒立并互相捆绑。

A.1.3　聚苯颗粒混凝土实心墙板

1. 尺寸规格

长度：2600mm、2800mm、3000mm；

宽度：610mm；

厚度：90mm、120mm。

2. 典型节点

空心墙板隔墙面及板缝连接节点表　　　　　　　表 A. 1-13

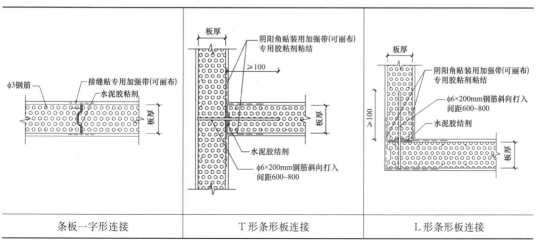

条板一字形连接	T形条形板连接	L形条形板连接

<table>
<tr><td colspan="2">空心墙板与结构墙连接节点表</td><td>表 A. 1-14</td></tr>
</table>

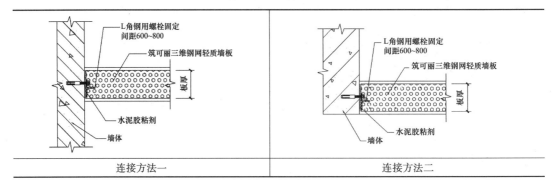

连接方法一	连接方法二

<table>
<tr><td colspan="2">空心墙板与楼顶板连接节点表</td><td>表 A. 1-15</td></tr>
</table>

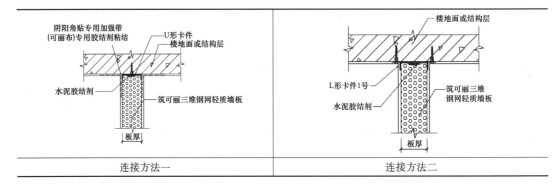

连接方法一	连接方法二

<table>
<tr><td colspan="2">空心墙板与楼地板连接节点表</td><td>表 A. 1-16</td></tr>
</table>

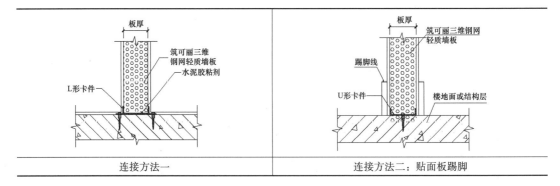

连接方法一	连接方法二：贴面板踢脚

3. 防开裂做法

（1）控制墙板施工时的含水率；

（2）采用专用胶粘剂粘贴。

A.1.4　轻质复合墙板

1. 尺寸规格

长度：＜3300mm；

宽度：600mm、610mm、1200mm；

厚度：60mm、75mm、80mm、90mm、100mm、120mm。

2. 典型节点

轻质复合墙板隔墙面及板缝连接节点表　　　　表 A.1-17

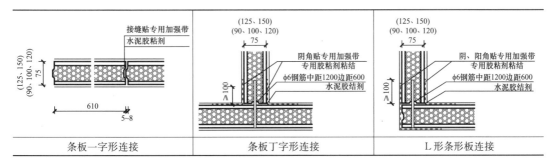

轻质复合墙板与结构墙连接节点表　　　　表 A.1-18

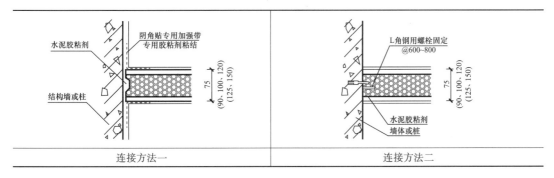

轻质复合墙板与楼顶板连接节点表　　　　表 A.1-19

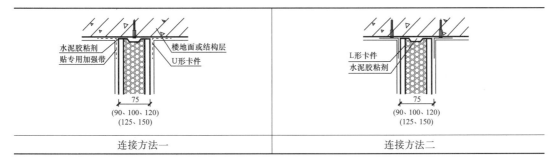

轻质复合墙板与结构梁板、梁连接节点表　　　　表 A.1-20

轻质复合墙板与楼地板连接节点表		表 A. 1-21

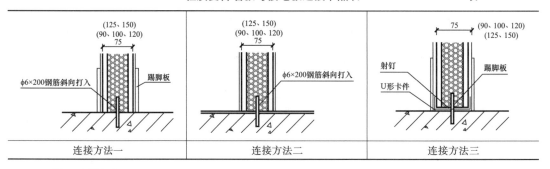

连接方法一	连接方法二	连接方法三

3. 防开裂做法

（1）控制轻质墙板芯材的干燥收缩值和热膨胀系数，保证墙板的体积稳定性；

（2）配制合适的接缝砂浆；

（3）加强施工管理培训。

A. 1. 5　发泡陶瓷轻质隔墙板

1. 尺寸规格

宽度：600mm、1200mm。

发泡陶瓷轻质隔墙板尺寸规格表								表 A. 1-22
板厚（mm）	80		90		100		1200	
板长（mm）	1200	2400	1200	2400	1200	2400	1200	2400

2. 典型节点

轻质隔墙面及板缝连接节点表		表 A. 1-23

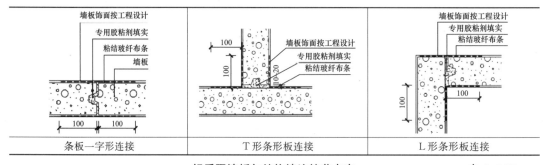

条板一字形连接	T 形条形板连接	L 形条形板连接

轻质隔墙板与结构墙连接节点表	表 A. 1-24

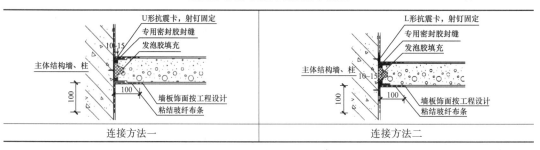

连接方法一	连接方法二

轻质隔墙板与楼顶板连接节点表	表 A.1-25

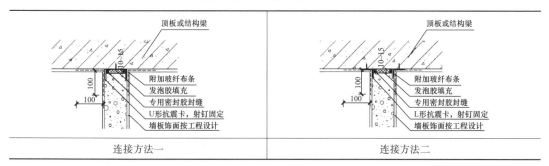

连接方法一	连接方法二

轻质隔墙板与楼地板连接节点表	表 A.1-26

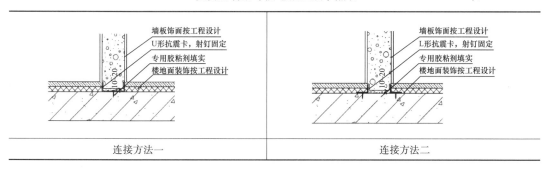

连接方法一	连接方法二

3. 防开裂做法

（1）运输、安装过程必须轻拿轻放；

（2）保证施工前的含水率；

（3）使用专用胶粘剂。

A.1.6　轻钢龙骨隔墙体系

1. 尺寸规格

板宽：400m、600m、1220mm 等规格多样。

2. 典型节点

轻钢龙骨隔墙墙面及板缝连接节点表	表 A.1-27

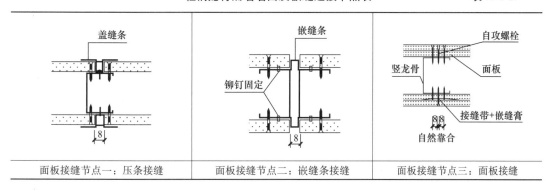

面板接缝节点一：压条接缝	面板接缝节点二：嵌缝条接缝	面板接缝节点三：面板接缝

续表

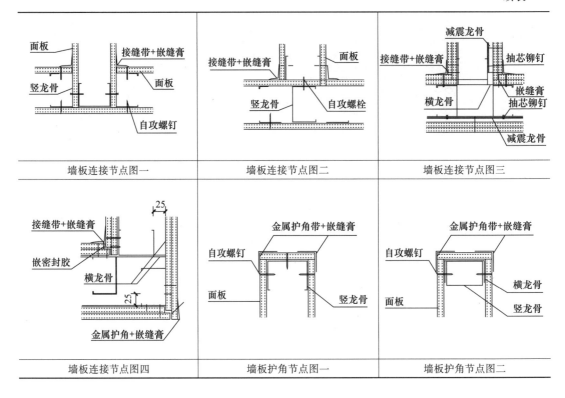

墙板连接节点图一	墙板连接节点图二	墙板连接节点图三
墙板连接节点图四	墙板护角节点图一	墙板护角节点图二

轻钢龙骨隔墙与结构墙连接节点表　　　　　　　　　　表 A. 1-28

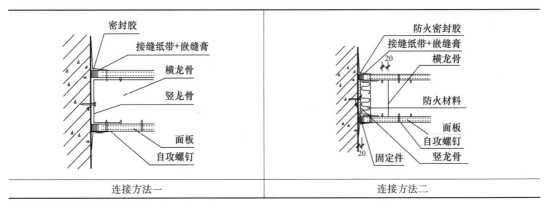

连接方法一	连接方法二

轻钢龙骨隔墙与楼顶板连接节点表　　　　　　　　　　表 A. 1-29

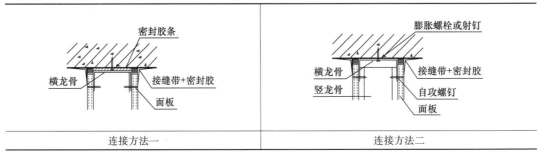

连接方法一	连接方法二

轻钢龙骨隔墙与楼地板连接节点表　　　　　　　　表 A. 1-30

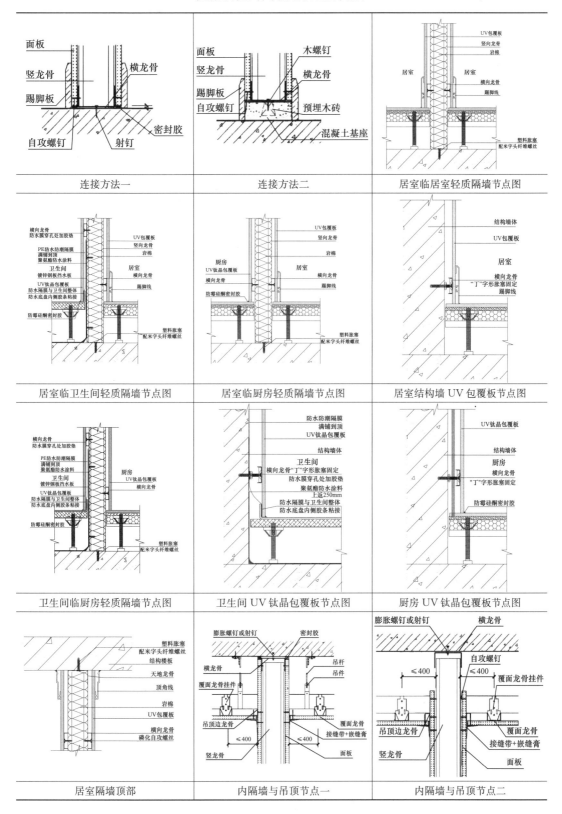

连接方法一	连接方法二	居室临居室轻质隔墙节点图
居室临卫生间轻质隔墙节点图	居室临厨房轻质隔墙节点图	居室结构墙 UV 包覆板节点图
卫生间临厨房轻质隔墙节点图	卫生间 UV 钛晶包覆板节点图	厨房 UV 钛晶包覆板节点图
居室隔墙顶部	内隔墙与吊顶节点一	内隔墙与吊顶节点二

A.2 地面面层构造及做法

A.2.1 垫层＋饰面

垫层＋饰面构造及做法表　　　　　　　　　　　　　　　　表 A.2-1

适用范围一：适用于户内不采暖或采用散热器采暖的情况（如 SPCH 1.0）	
① 10mm 厚地砖，干水泥擦缝（饰面层可根据设计要求调整） ② 20mm 厚 1：3 干硬性水泥砂浆结合层，表面撒水泥粉 ③ 60（30）mm 厚 LC7.5 轻骨料混凝土（垫层厚度可根据设计要求调整） ④ 现浇钢筋混凝土楼板或者预制楼板现浇叠合层	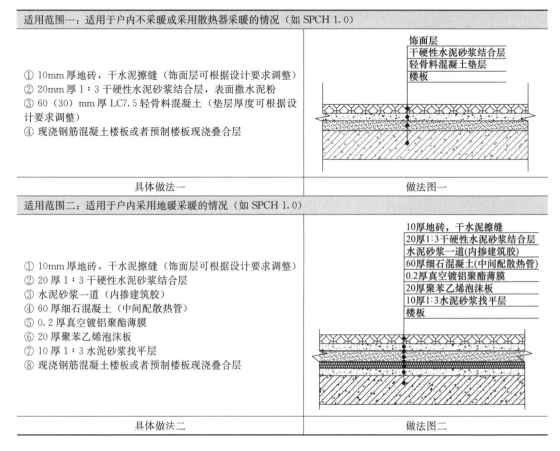
具体做法一	做法图一
适用范围二：适用于户内采用地暖采暖的情况（如 SPCH 1.0）	
① 10mm 厚地砖，干水泥擦缝（饰面层可根据设计要求调整） ② 20 厚 1：3 干硬性水泥砂浆结合层 ③ 水泥砂浆一道（内掺建筑胶） ④ 60 厚细石混凝土（中间配散热管） ⑤ 0.2 厚真空镀铝聚酯薄膜 ⑥ 20 厚聚苯乙烯泡沫板 ⑦ 10 厚 1：3 水泥砂浆找平层 ⑧ 现浇钢筋混凝土楼板或者预制楼板现浇叠合层	
具体做法二	做法图二

A.2.2 干式地暖模块＋饰面

干式地暖模块＋饰面构造及做法表　　　　　　　　　　　　　　表 A.2-2

适用范围：适用于户内采用地暖模块采暖的情况（如 SPCH 3.0）	
① 10mm 厚地砖（饰面可根据设计调整）地砖胶粘接层 ② 12mm 厚蓄热面板 ③ 30（36）mm 厚预制沟槽保温板（内设地暖管道）和支撑龙骨（厚度可根据采暖方式确定厚度） ④ 水泥自流平找平层 ⑤ 现浇钢筋混凝土楼板或者预制楼板现浇叠合层	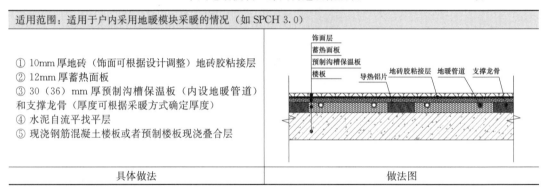
具体做法	做法图

A.2.3　地脚螺栓架空＋干式地暖模块＋饰面

地脚螺栓架空＋干式地暖模块＋饰面构造及做法表　　　　表 A.2-3

适用范围：适用于户内采用地暖模块采暖的情况（如 SPCH 2.0）	
① 8mm 厚 UV 涂装地板面层（饰面层可根据设计要求调整） ② 39mm 厚轻薄型架空地暖模块，内嵌敷设 De16 的 PE-RT 地暖管 ③ 约 83mm 高地面架空找平层，可调节地脚组件沿地暖模块方向间距 400mm 敷设 ④ 现浇钢筋混凝土楼板或者预制楼板现浇叠合层	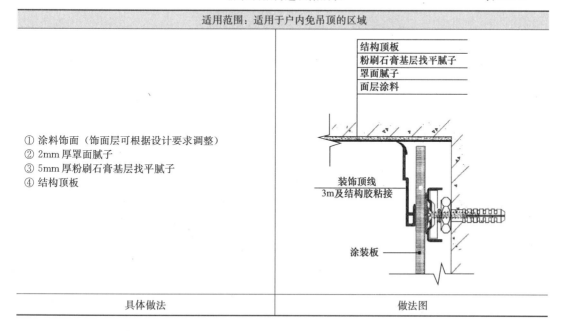
具体做法	做法图

A.3　顶面构造及做法

A.3.1　粉刷顶板[①]

粉刷顶板构造及做法表　　　　表 A.3-1

适用范围：适用于户内免吊顶的区域	
① 涂料饰面（饰面层可根据设计要求调整） ② 2mm 厚罩面腻子 ③ 5mm 厚粉刷石膏基层找平腻子 ④ 结构顶板	结构顶板 粉刷石膏基层找平腻子 罩面腻子 面层涂料 装饰顶线 3m及结构胶粘接 涂装板
具体做法	做法图

---

① 技术节点图片出自《装配式装修标准图集》。

A. 3. 2　模块化集成吊顶[1]

模块化集成吊顶构造及做法表　　　　表 A. 3-2

适用范围：适用于户内需做吊顶的区域	
① 5mm 厚 UV 包覆吊顶板面层（饰面层可根据设计要求调整） ② 轻钢龙骨吊顶架空层 ③ 结构顶板	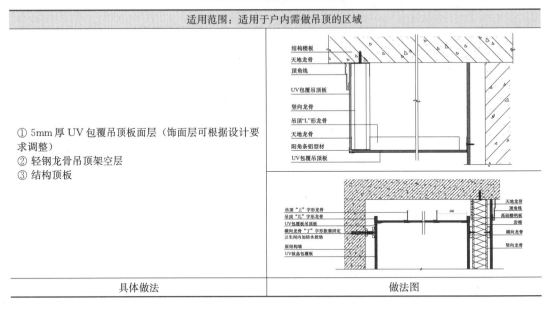
具体做法	做法图

A.4　模块化部品

A. 4. 1　集成厨房

集成厨房配置表　　　　表 A. 4-1

厨房配置举例	
	集成厨房示意
① 吊柜内配有下拉式拉篮方便拿取物品 ② 抽拉式龙头方便清洗台面 ③ 至少一套三层抽屉方便分类收纳餐盘餐具 ④ 灶具左侧设置调料拉篮，方便烹饪时随手取用 ⑤ 利用油烟机两侧空间设置橱柜，增加储物能力 ⑥ 可根据项目情况设置可移动插座带便于厨房操作	

---

[1]　技术节点图片参考中国建筑设计院实际项目节点。

A.4.2 集成卫生间[①]

集成卫生间以防水底盘、墙板、顶盖构成整体框架，配上各种功能洁具形成的独立卫生单元，用工业化的整体卫浴代替传统装修，比传统湿作业装修速度快，排水盘和整体墙板的拼装工艺保证了不漏水。由于采用了干式施工，不受季节影响，无噪声，无建筑垃圾，节能环保。

1. SMC一体成型卫浴

SMC一体成型卫浴技术节点表   表A.4-2

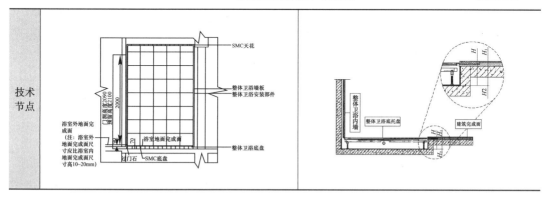

2. 蜂窝铝板底盘＋蜂窝铝板壁板

蜂窝铝板底盘＋蜂窝铝板壁板表   表A.4-3

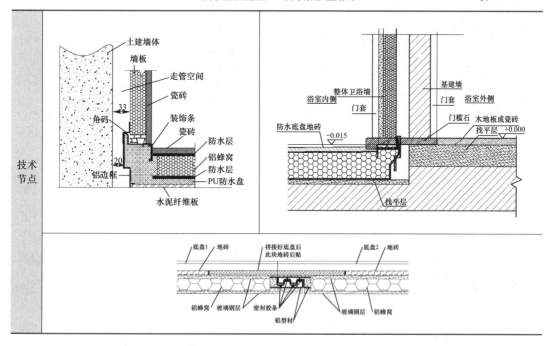

---

① 集成卫生间的底面有SMC防水底盘、SMC贴瓷砖底盘、蜂窝铝板贴瓷砖整体底盘等做法，相关技术集成商有禧屋、科逸、一天集成、华科住宅、广州鸿力、品宅等。

3. SMC底盘＋轻钢龙骨隔墙

SMC底盘＋轻钢龙骨隔墙表　　　　　　　　　　　　　　表A.4-4

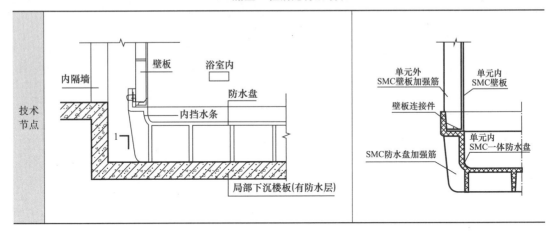

A.4.3 整体收纳

整体收纳系统包括以下几个方面：玄关收纳、卧室收纳、厨房收纳、卫生间收纳等。SPCH空间灵动家需考虑每种灵动户型的收纳设计，并可集成设备管线统筹考虑。

图A.4-1　玄关收纳示意

图A.4-2　卧室收纳示意

图A.4-3　厨房收纳示意

图A.4-4　卫生间收纳示意

A. 4. 4　可变家具[①]

可变家具几种形式：

1. 必革家智能综合柜

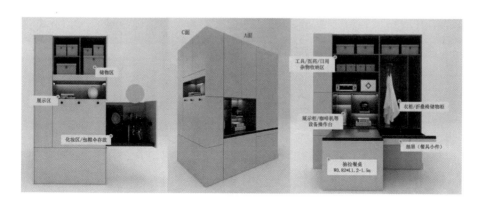

图 A. 4-5　必革家只能综合柜

2. Ori Systems

Ori 集双人床、沙发、电视柜、衣柜、书桌和收纳柜这些标配家具于一体，通过模块化和可拓展的机电一体化技术来运作，使用者可以通过单元上的控制界面、配备的 iOS/Android 应用程序或使用亚马逊 Alexa 的语音控制，让空间在卧室、办公室、更衣室或客厅之间无缝切换，将小规模空间的利用率最大限度地发挥出来。

图 A. 4-6　ori system 产品及场景模式。

---

① 可变家具可采用必革家产品系列。

结构技术集成

B.1 水平构件

B.1.1 现浇混凝土预应力楼板

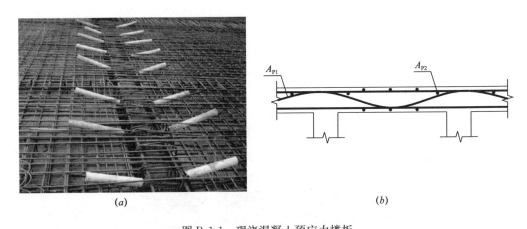

(a)   (b)

图 B.1-1 现浇混凝土预应力楼板

(a) 无粘结预应力混凝土楼板；(b) 楼板内预应力筋布置示意图

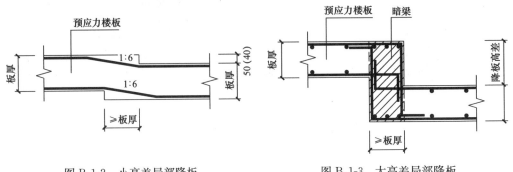

图 B.1-2 小高差局部降板   图 B.1-3 大高差局部降板

B.1.2 现浇混凝土空心楼板

图 B.1-4 现浇混凝土空心楼板

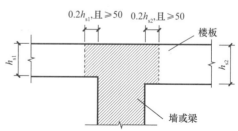

图 B.1-5 支座实心区域示意图

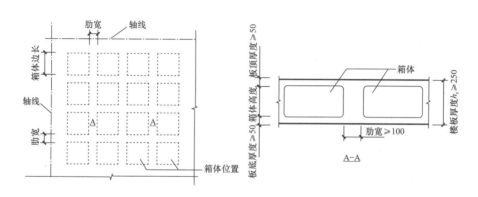

图 B.1-6 箱体内模布置图

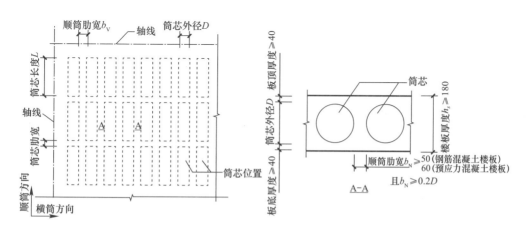

图 B.1-7 筒芯内模（填充体）布置图

B.1.3 预应力混凝土钢管桁架叠合板（PK-Ⅲ板）

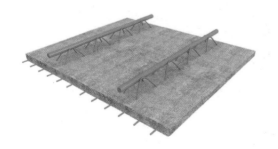

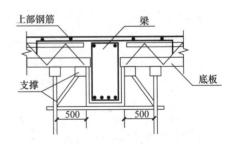

图 B.1-8 预应力混凝土钢管桁架叠合板（PK-Ⅲ板）

图 B.1-9 板支座示意图

B.1.4 大跨度预应力空心板（SP 板）

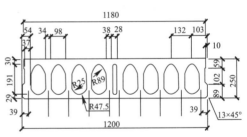

图 B.1-10 大跨度预应力空心板（SP 板）

图 B.1-11 250mm 厚 SP 板截面图

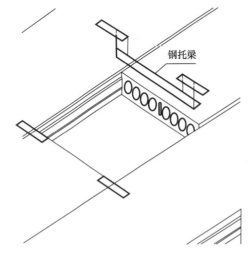

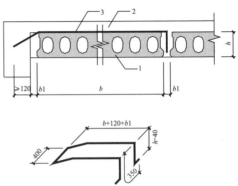

图 B.1-12 SP 板开洞构造做法

图 B.1-13 板侧支座做法示意

1—预应力空心板；2—后浇叠合层；3—拉锚钢筋

SP 板沿开间方向布置时的建议厚度（mm） 表 B. 1-1

设计条件	轴线跨度 L(m)		7	8	9	10	11	12
结构高度	对应不同隔墙材料的楼板厚（叠合层＋SP 板）	ALC 加气块（100mm 厚）	210（60＋150）	210（60＋150）	240（60＋180）	260（60＋200）	310（60＋250）	360（60＋300）
		轻钢龙骨（100mm 厚）	210（60＋150）	210（60＋150）	240（60＋180）	240（60＋180）	260（60＋200）	310（60＋250）
	梁 1 高度		400	450	450	450	500	500
计算假定	垂直板跨度方向隔墙数量（计算时按等分布置考虑）		1	1	1	2	2	2
附注	① ALC 隔墙容重不大于 600kg/m³（2.85kN/m²），轻钢龙骨隔墙容重不大于 300kg/m3（2.0kN/m²），隔墙粉刷做法按每侧 10mm 考虑 ② 计算隔墙重量时，其高度按 2.85m 考虑 ③ 梁宽度一般为 200mm；梁 1 跨度不大于 4m；梁按两端铰接计算，表中标注高度为板下高度；注意梁顶与板底之间有 20mm 厚坐浆（L1 布置详图 B. 1-14） ④ 建筑面层按 50mm 计算，建筑功能为普通住宅，卫生间未考虑浴盆荷载							

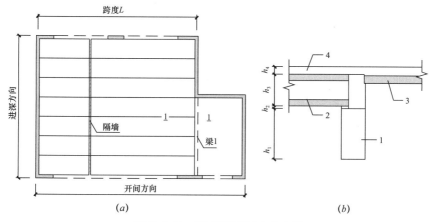

(a) (b)

图 B. 1-14 SP 板延开间方向布置

(a) 预应力空心板布置图；(b) 1-1 剖面图

1—梁 1；2—预应力空心板；3—钢筋桁架叠合板；4—后浇叠合层；

h_1—梁高；h_2—坐浆层厚度（20mm）；h_3—预应力空心板厚度；h_4—后浇叠合层厚度

SP 板沿进深方向布置时的建议厚度（mm） 表 B. 1-2

设计条件	轴线跨度 L(m)		7	8	9	10	11	12
结构高度	对应不同隔墙材料的楼板厚（叠合层＋SP 板）	ALC 加气块（100mm 厚）	210（60＋150）	210（60＋150）	240（60＋180）	260（60＋200）	310（60＋250）	360（60＋300）
		轻钢龙骨（100mm 厚）	210（60＋150）	210（60＋150）	240（60＋180）	240（60＋180）	260（60＋200）	310（60＋250）
	梁 2 高度		750	800	850	850	850	900
计算假定	垂直板跨度方向隔墙数量（计算时按等分布置考虑）		1	1	1	2	2	2
附注	① ALC 隔墙容重不大于 600kg/m³（2.85kN/m²），轻钢龙骨隔墙容重不大于 300kg/m³（2.0kN/m²）。隔墙粉刷做法按每侧 10mm 考虑 ② 计算隔墙重量时，其高度按 2.85m 考虑 ③ 梁宽度一般为 200mm；梁 2 跨度取轴线跨度 L 减去每侧 1m 宽墙垛（即 L−2m），且不大于 7m；梁按两端铰接计算，表中标注高度为板下高度；注意梁顶与板底之间有 20mm 厚坐浆（L2 布置详图 B. 1-15） ④ 建筑面层按 50mm 计算，建筑功能为普通住宅，卫生间未考虑浴盆荷载							

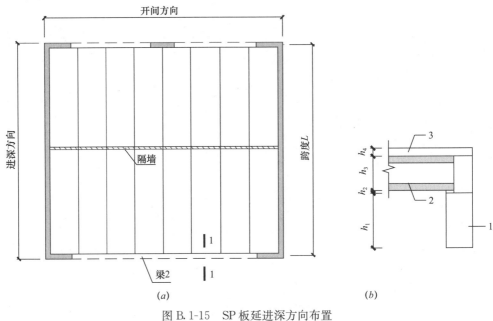

图 B.1-15　SP 板延进深方向布置

(a) 预应力空心板布置图；(b) 1-1 剖面图

1—梁 2；2—预应力空心板；3—后浇叠合层；

h_1—梁高；h_2—坐浆层厚度（20mm）；h_3—预应力空心板厚度；h_4—后浇叠合层厚度

B.2　竖向抗侧力构件

B.2.1　预制实心墙体系

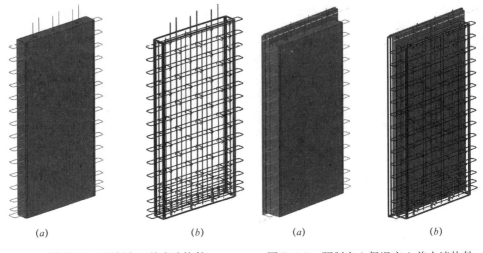

图 B.2-1　预制实心剪力墙构件

(a) 三维图；(b) 透视图

图 B.2-2　预制夹心保温实心剪力墙构件

(a) 三维图；(b) 透视图

B. 2. 2 装配式整体叠合结构成套技术

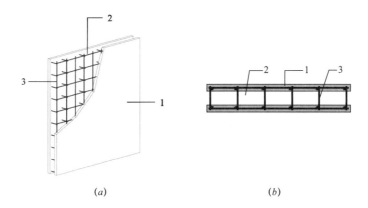

图 B. 2-3 预制空心墙构件

（a）预制空心墙构件三维图；（b）预制空心墙构件剖面图

1—预制部分；2—空腔部分；3—成型钢筋笼

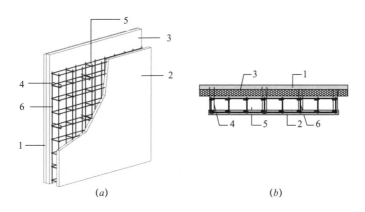

图 B. 2-4 预制夹心保温空心墙构件

（a）预制夹心保温空心墙构件三维图；（b）预制夹心保温空心墙构件剖面图

1—外叶板；2—内叶板；3—保温层；4—拉结件；5—空腔部分；6—成型钢筋笼

给排水技术集成

C.1 给水系统

C.1.1 住宅净水系统

1. 住宅全屋净水系统

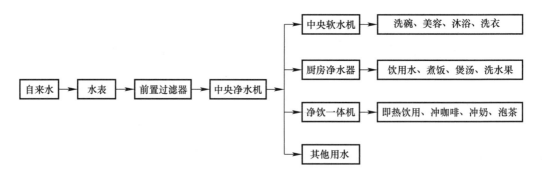

图 C.1-1　全屋净水系统原理图

　　前置过滤器：主要作用是粗过滤，过滤铁锈、泥沙、悬浮物等二次污染，可对后面的设备进行良好的保护，降低使用成本，延长寿命。前置过滤器的滤芯，结构简单主要就是滤网。而滤网的精度范围每个品牌每个型号都不尽相同，从 $5\sim300\mu m$ 都有，由于越细的过滤精度，出水量就越慢，为了保证入户进水量和水压，前置过滤的精度一般都不会太高。

　　中央净水机：是最为关键一个部件，对全屋用水进行净化处理，过滤效果的要求比较高，主要去除水中余氯、重金属（如铅、水银、砷、铬等）、细菌以及农药、杀虫剂等有机化合物、三卤甲烷和四氯化碳等致癌物质，保留人体所需的微量元素和矿物质。其滤芯一般是三层：第一层是 KDF 滤料，KDF 是铜锌合金。其主要作用是过滤掉水中的水溶性重金属、自来水厂的余氯以及水中的微生物;第二层是活性炭,其对有机物吸附能力比普通活性炭高 5 倍至以上;第三层是石英砂,石英砂的主要作用是过滤水中的悬浮物,降低水的浑浊度。石英砂本身也有很多种规格的,越细的石英砂,过滤的效果越好,对应的出水时间就更长。

中央软水机:有效去除水中 99% 以上的钙、镁离子,使水的硬度控制在 5ppm 以下,软化水质,防止结垢造成管路阻塞和设备损坏,提供更舒适的生活用水,比如洗澡、美容等,有效节省洗涤剂用量,洗后衣物柔软、色泽鲜艳等。中央软水机软化原理有两种,一是传统的离子交换技术,通过树脂上的功能离子与水中的钙、镁离子进行交换,从而吸附水中多余的钙、镁离子,达到去除水垢(碳酸钙或碳酸镁)的目的。二是目前最新采用的纳米晶 TAC 技术,纳米晶 TAC 软水机是利用纳米晶聚合球体表面晶核产生的高能量把水中的钙、镁、碳酸氢根等离子打包成纳米级的晶体,当这种晶体长到 2nm 左右时自动脱落到水中,从而防止水垢的产生。

终端直饮机:在中央净水机过滤的基础上,直饮机可以将重金属离子、有机物、细菌、病毒、农药等彻底分离,采用 RO 反渗透膜,利用渗透压力差为动力的膜分离过滤技术,在渗透压力下,水分子是可以通过 RO 膜的,但是水中的无机盐、重金属离子、有机物、细菌病毒等杂质是无法通过的,从而将纯水和废水严格地区分开来,出水就可直饮。

净饮一体机:内置纯水机过滤组件,有制冷、加热、常温三种出水,冲咖啡、冲奶、泡茶,即热即饮用,一般安装在客厅、书房、卧房等休闲位置的角落处。

2. 小型一体化净水器

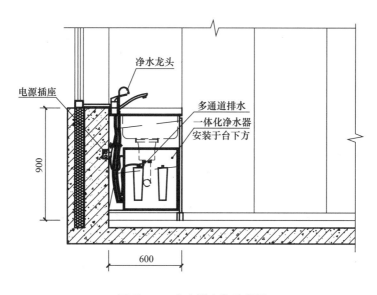

图 C.1-2 净水器安装示意图

C.1.2 阳台灌溉系统

图 C.1-3 阳台自动灌溉系统示意图

C.1.3 给水管敷设方式

1. 建筑地面做法采用垫层＋饰面
2. 建筑地面做法采用干式地暖模块＋饰面做法（图 C.1-5）

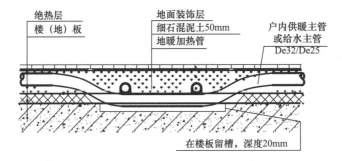

图 C.1-4 供水、暖主管与地暖管交叉做法

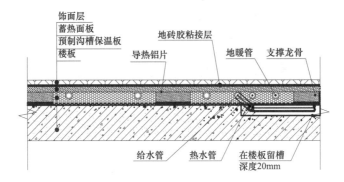

图 C.1-5 供水、暖主管与干式地暖管交叉做法

3. 预制混凝土墙体给水管道留槽敷设

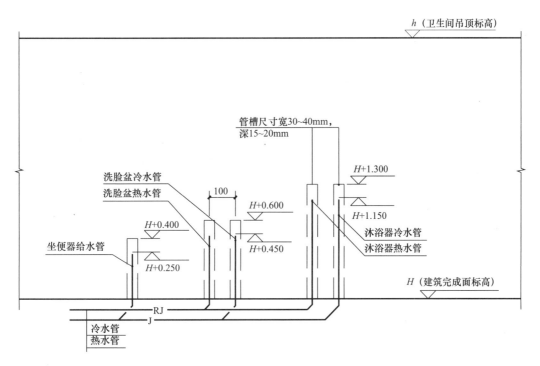

图 C.1-6 间给水干管垫层内敷设墙体预留管槽示例

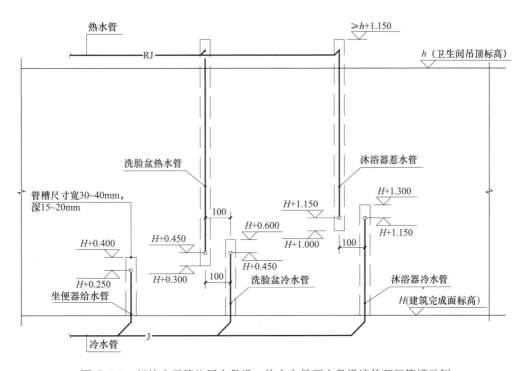

图 C.1-7 间给水干管垫层内敷设、热水在吊顶内敷设墙体预留管槽示例

4. 装配式整体卫浴给水管道敷设

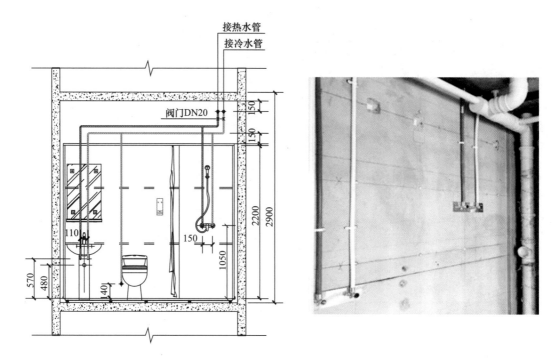

图 C.1-8　整体卫浴给水管道安装示例

C.2　热水系统

太阳能生活热水系统：

1. 集中集热分户储热太阳能热水系统

2. 阳台壁挂式太阳能热水系统

3. 装配式建筑太阳能集热器的安装布置的一般要求

（1）集热器一般可设置在屋面、阳台拦板、建筑外墙等部位，其布置应与建筑有机结合、不影响建筑外观与周围环境。

（2）集热器应与建筑锚固牢靠，防风、防振，且不得影响建筑物的承载、防护、保温、防水、排水等功能。集热器安装固定件的预埋应在构件生产阶段完成，太阳能厂商需在结构拆分设计阶段与设计师密切配合，完成固定件预埋设计。

（3）集热器安装方位（集热器采光面法线）宜朝向正南，不可能时可在南偏东、西30°以内布置，但宜适当增加集热面积，增加集热面积的详细计算参见国家建筑标准设计图集《太阳能集中热水系统选用与安装》15S128 中有关计算内容。

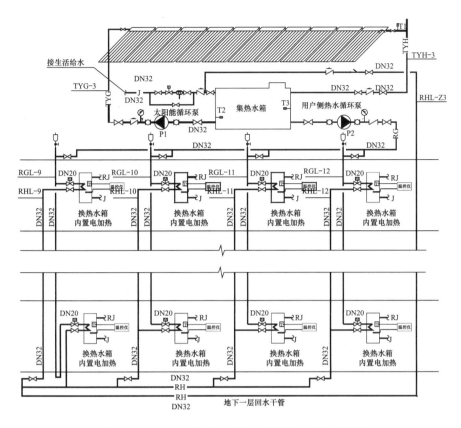

图 C.2-1　集中集热分户储热太阳能热水系统示意图

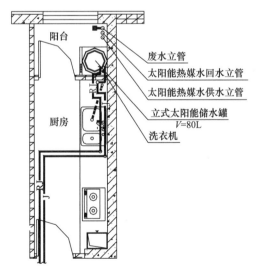

图 C.2-2　集中集热分户储热水罐阳台安装示意图

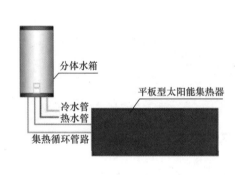

图 C.2-3　分户集热阳台壁挂式太阳能热水系统原理示意图

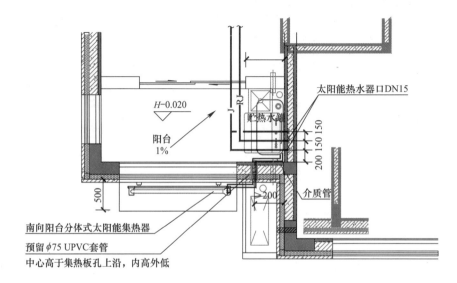

图 C.2-4　分户集热阳台壁挂式太阳能热水系统平面图

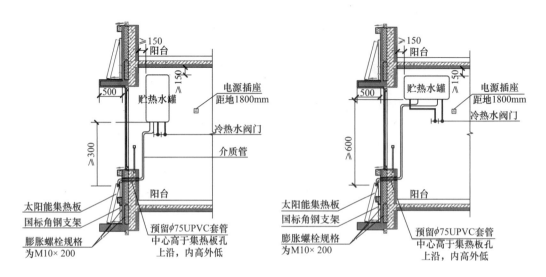

图 C.2-5　分户集热阳台壁挂式太阳能立、卧式水箱剖面图

（4）集热系统的管材、管件、阀门及密封件、膨胀罐、集热水箱箱体等应选用耐高温的材质。

（5）直接供热水的集热、贮热、供热水箱（罐）内的水温不得超过75℃。

（6）集热器的选用：集热器类型应根据运行期内最低环境温度、水质条件、经济条件、维护管理等多方面因素综合确定，见表C.2-1。

集热器类型选用表   表C.2-1

选用要素		集热器类型		
		平板型	全玻璃真空管型	金属—玻璃真空管型
运行期内最低环境温度	高于0℃	可用	可用	可用
	低于0℃	不可用[1]	可用[2]	可用
集热效率[3]		低	中	高
运行方式		承压、非承压	非承压	承压、非承压
与建筑外观结合程度		好	一般	较好
易损程度		低	高	中
价格		低	中	高

注：1 采用防冻措施后可用。
    2 如不采用防冻措施，应注意最低环境温度及阴天持续时间。
    3 本项指全国范围内全年的集热效率，在环境温度常年高于0℃的地区，或只在夏季使用的系统，平板型集热效率略高于全玻璃真空管型。

C.3 排水系统

C.3.1 卫生间同层排水系统

同层排水汇合器构造图如图C.3-1～图C.3-4所示。

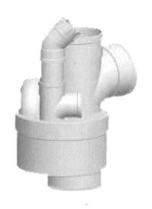

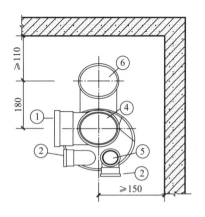

图C.3-1 同层排水汇合器实物图   图C.3-2 同层排水汇合器平面图

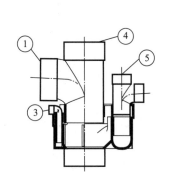 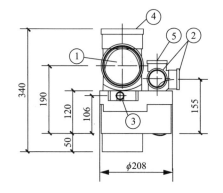

图 C.3-3　同层排水汇合器正视图　　　　图 C.3-4　同层排水汇合器侧视图

图 C.3-1～图 C.3-4：1—污水接口；2—废水接口；3—二次排水接口；4—排水立管接口；5—清扫口；6—通气立管

C.3.2　卫生间异层排水系统

装配式建筑排水管预留预埋孔洞尺寸见表 C.3-1、表 C.3-2。

卫生器具及附件预留孔洞尺寸表　　　　　　　　表 C.3-1

排水器具及附件种类	大便器	浴缸、洗脸盆、洗涤盆、小便斗	清扫口				地漏			
排水管管径 DN（mm）	100	50	50	75	100	150	50	75	100	150
预留孔洞直径（mm）	200	100	130	170	200	235	200	230	250	300

排水管穿越楼板预留孔洞尺寸表　　　　　　　　表 C.3-2

管道公称直径 DN（mm）	50	75	100	150	200	备注
预留孔洞直径（mm）	120	150	180	250	300	
普通塑料套管 dn（mm）	110	125	160	200	250	带止水坝或橡胶密封圈

暖通空调技术集成

D.1 供暖系统

D.1.1 混凝土填充式热水地面辐射供暖系统

这种以辐射为主的供暖方式决定了达到同样的人体热舒适感，其设计温度较传统散热器供暖可降低 2～3℃；另外其供水温度低，热水在传送过程中热量损失少。一般认为，地板辐射采暖较传统散热器采暖节能 20％～30％。再者，其可利用热泵、太阳能和地热等低品位热能，可以进一步节能。地板辐射采暖由于有较厚的垫层作为蓄热结构，而且辐射采暖是将室内物体的温度提高，所以系统蓄热能力强、热稳定性好，因此在北方间歇供暖的条件下，房间内温度波动仍较小。

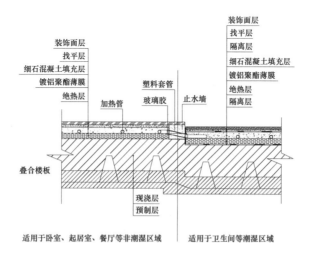

图 D.1-1 混凝土填充式地面辐射供暖（湿式施工）典型地面做法

D.1.2　预制供暖板热水地面辐射供暖系统

地暖模块主要由保温基板、塑料加热管、附着其表面的均热层等组成，该模块按一定的模数在工厂预制生产，现场拼装；也可以是模块表面带有固定间距和尺寸沟槽的保温板块，然后现场将加热管敷设在沟槽中，加热管与保温板沟槽尺寸吻合且上皮持平，上铺均热层，可不设填充层即可直接铺设面层的地面辐射供暖形式。

预制模块化供暖板也可直接铺设于架空地板上，供暖干管敷设于架空地板下方。

这些干式地暖安装方式体现了装配式建筑的节材、降低现场扬尘及提高安装效率的特点，是装配式建筑应提倡和推广的技术。

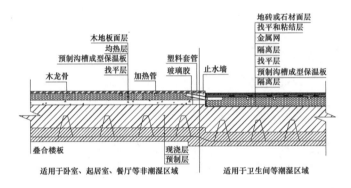

图 D.1-2　预制沟槽保温板地面辐射供暖（干式施工）典型地面做法

D.1.3　碳纤维地面辐射供暖系统

它的基本构造如图 D.1-3 所示，此电热地板的做法与传统热水地暖的做法有本质上的区别，前者是干法施工、后者是湿法施工。但这种加热电缆的供暖方式，经过几年后，会有一定的供热衰减；安装这种供暖系统要特别注意的就是加热电缆引出线与供电母线的接头绝缘密封问题，一般两种方法，用 PVC 导线管埋地或用绝缘电缆走线，在接头处用绝

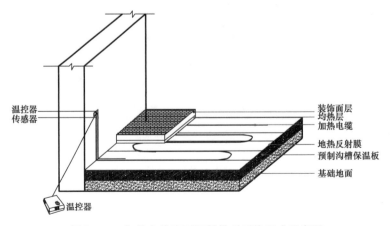

图 D.1-3　加热电缆地面辐射供暖系统组成示意图

缘密封胶封住，保证满足电气装置安装工程施工及验收相关规范的要求，导线出地面以后，将导线管埋入墙内，安装温控器即可。

D.1.4　散热器供暖系统

一般情况下，为保证供暖效果，散热器宜在外墙安装。装配式剪力墙住宅建筑的外墙一般采用预制夹芯保温外墙板，无法现场打孔，所以预制外墙上安装的散热器支托架螺栓，必须在工厂预留好。由于不同形式的散热器或同一形式不同片数散热器支托架位置都有所不同，从而增加了预制板的规格数量，所以在设计过程中，根据不同形式的散热器或同一形式不同片数散热器支托架位置，可以总结出一定的设置规律，通过适当增加预埋螺栓孔的数量，从而统一预制板的规格，使预制墙板标准化，从而降低预制装配式住宅选择散热器供暖形式的限制。

散热器供暖系统的典型设计示例如图D.1-4所示。

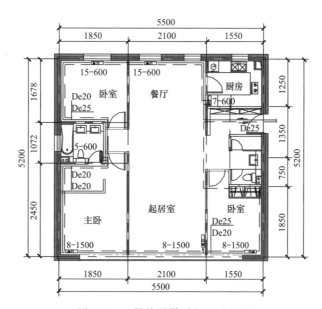

图D.1-4　散热器供暖户型平面图

D.1.5　（踢脚线）环形水暖

这种供暖方式，是踢脚线隐形散热器，安装在房间踢脚线处，将装饰与散热器结合，从外观看就像木质或大理石踢脚线，在铝合金踢脚线面板后面有一体式微型供暖水管，表面颜色可按需求定制，做到与室内装饰协调一致；散热时，它从房间最底部环形向上散热，利用热空气由下往上流动的物理原理，带动整个房间的温度升高，传热速度快，最终使室内温度达到用户设定值。

这种踢脚线散热器厚度仅2cm，几乎不占空间；该供暖系统采用分水器调控，可方便控制各个房间的温度，满足用户个性化需求，而且可以省去普通装饰踢脚线的费用。其安装示意图如图D.1-5所示。

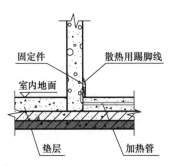

图 D.1-5 踢脚线散热器安装剖面示意图

D.1.6 热泵型分体空调供暖

在规范有供暖要求的区域，分体空调供暖主要是在过渡季，这时的室外温度不是很低，不会出现因环境温度较低导致的制热性能差等问题；我国南方地区大多处于夏热冬冷气候区，这些地区冬季潮湿寒冷，供暖需求不断增加，不过冬季制热工况室外机有可能因空气湿度大而结霜、短时间影响供热。

热泵型分体空调供暖的典型布置示例如图 D.1-6 所示。壁挂空调机安装大样图见图 D.1-7。

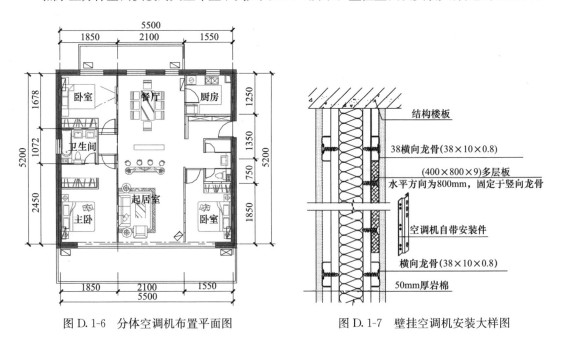

图 D.1-6 分体空调机布置平面图   图 D.1-7 壁挂空调机安装大样图

D.2 新风系统

D.2.1 负压式新风系统

负压式新风系统，它的基本原理是"强制排风，自然进风"，对于住宅来说即卫生间和厨房的排风机将室内污浊空气排向室外，使室内形成负压，同时在压力差的作用下室外空气通过安装在各房间外墙上的负压进风装置经过滤后进入室内，从而使室内外空气得到有效循环（图D.2-1）。

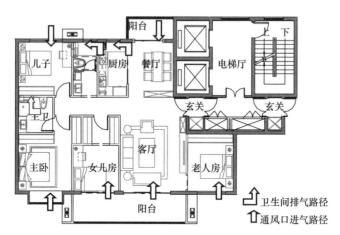

图D.2-1 负压式新风系统示意图

D.2.2 窗式新风机系统

相对于自然通风器来讲，动力通风器可以不依靠自然风压和室内外温差来达到室内外通风的目的。也可以随意切换内外循环：内循环—使室内空气流动、对室内空气净化；外循环—引进新风并对新风进行过滤净化。同时面板可拆卸，便于清洗及更换滤芯（图D.2-2、图D.2-3）。

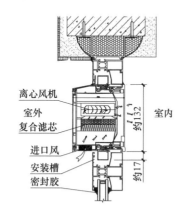

图D.2-2 窗式新风机安装节点图

（图片来源：重庆筑巢建筑材料有限公司提供）

图D.2-3 窗式新风机安装图片

（图片来源：重庆筑巢建筑材料有限公司提供）

D.3 装配式建筑管道预留、预埋

装配式建筑中供暖空调管道的预留套管、孔洞，有着如下统一要求：管道穿过墙壁和楼板，应设置金属或塑料套管。安装在楼板内的套管，其顶部应高出装饰地面20mm；安装在卫生间及厨房内的套管，其顶部应高出装饰地面50mm，底部应与楼板底面相平；安装在墙壁内的套管其两端与饰面相平。穿过楼板的套管与管道之间缝隙应用阻燃密实材料和防水油膏填实，端面光滑。穿墙套管与管道之间缝隙宜用阻燃密实材料填实，且端面应光滑。管道的接口不得设在套管内（图D.3-1、图D.3-2）。

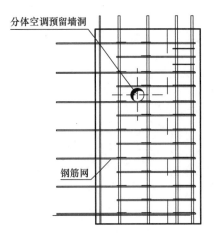

图D.3-1 预制结构楼板和预制
外墙上的留洞与钢筋的关系

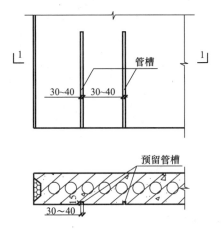

图D.3-2 预制结构内墙上的管槽预留

电气技术集成

E.1 SPCH1.0~2.0 电气管线技术集成

1. 条板内隔墙（如 ALC 等）管线技术（图 E.1-1）

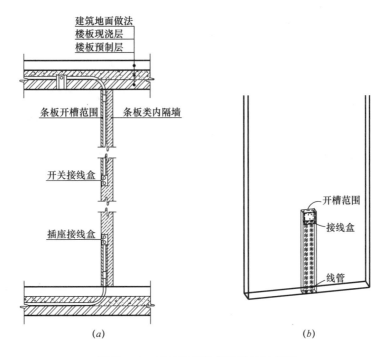

图 E.1-1 ALC 板管线安装做法示意图

（a）ALC 板电气安装示意图；（b）ALC 板安装插座透视图

2. 轻钢龙骨饰面板管线技术（图 E.1-2）

3. 工业化楼板电气管线技术

SPCH1.0~2.0 中，电气照明系统、火灾自动报警系统与部分其他系统的管线需要敷设在顶板内。当采用预制混凝土构件楼板时，电气线管敷设于现浇层内，接线盒需预埋在预制混凝土构件内；当楼板由于生产工艺等原因无法在预制生产阶段预埋的（如 SP 板），需开洞预埋。安装做法见图 E.1-3。

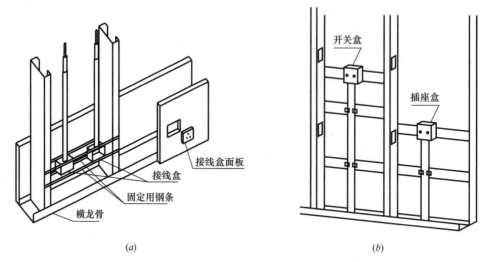

图 E.1-2　轻钢龙骨隔墙管线安装做法示意图

（a）轻钢龙骨隔墙双面布置接线盒示意图；（b）轻钢龙骨隔墙开关与插座安装示意图①

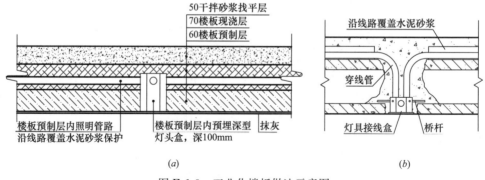

图 E.1-3　工业化楼板做法示意图

（a）预制叠合板预留接线盒做法示意图；（b）SP 楼板管线与接线盒做法示意图②

4. 装配式整体叠合结构电气管线技术

采用装配式整体叠合结构③的空间灵动家住宅结构墙体内管线，采用对应的装配式整体叠合结构竖向构件管线技术。

（1）模数设计与配合

为方便和规范构件生产，在预制墙体上预留的箱体和管线应遵照预制墙体的模数，同

---

① 轻钢龙骨饰面板的安装示意图示参考国标图集《内线工程》05D5 绘制。
② 管线在垫层内敷设与接线盒在 SP 空心楼板上的做法示意参考国标图集《内线工程》05D5 绘制。
③ 详见本书 3.4.2 及中国工程建设标准化协会标准《装配整体式钢筋焊接网叠合混凝土结构技术规程》T/CECS 579—2019。

时避免和钢筋位置冲突，宜与结构专业约定模数或采取其他措施避免与钢筋网的碰撞。与钢筋的避让可参考图 E.1-4。

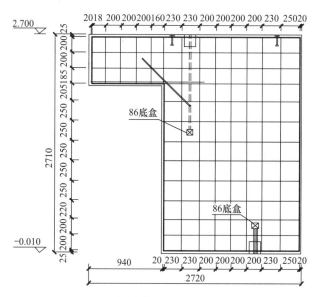

图 E.1-4 预制墙体电气预埋模数设计示例

注：此例中网格部分表示钢筋布置，钢筋网间隔为 200mm，故宜按 200mm 为模数布置预埋点

（2）管线的综合设计

1）装配式剪力墙住宅的各专业管线应进行综合设计，公共部分和户内部分的管线连接可采用架空连接的方式，如需暗埋，则应结合结构楼板及建筑垫层进行设计，集中敷设在现浇区域内。管线的布置及不同构件间的接合见图 E.1-5。

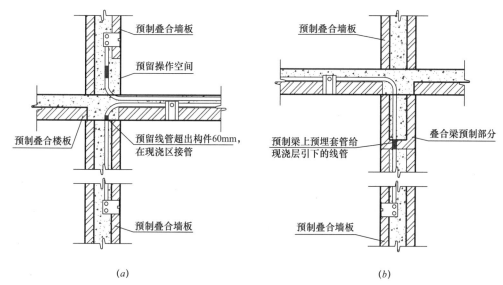

(a) (b)

图 E.1-5 装配式整体叠合结构内电气管线的连接做法

（a）装配式整体叠合结构预制叠合板内预留接线盒及与预制墙板的连接做法；

（b）装配式整体叠合结构叠合板内预留接线盒与叠合梁连接部电气线管连接做法

2）家居配电盘与家居配线箱位置宜分开设置，并进行室内管线综合设计。家居配电箱和家居配线箱电气进出线较多，设计时可将它们设置于不同的位置，避免大量管线在现浇层内集中交叉。

3）当箱体和管线均暗埋在预制构件时，还应在墙板与楼板的连接处预留出足够的操作空间，以方便管线连接的施工。当有穿线不易的情况时，应适当放大管径。家居配电盘与家居配线箱等出线集中处，接线手孔应适当增大，如与家居配电盘、家居配线箱等宽。家居配电盘与家居配线箱应适当预留到顶、地的出线管，以便住户日后装修改造升级。

4）管线原则上应布置在装配式整体叠合结构预制板的现浇层，预制层原则上不布置管线。线盒应采用较深的接线盒，图 E.1-5 中为 100mm 深度 86 盒。在同一块装配式整体叠合结构预制板上的线与盒宜在工厂完成预制与安装。线管的转弯半径均需满足相关施工规范的要求。

（3）箱体的预留预埋：

1）每套住宅的每层宜设置一个家居配电箱，家居配电箱宜暗装在套内走廊、门厅或起居室等便于维修维护处，箱底距地高度不应低于 1.8m，并用工业化内隔墙板封闭。家居配电箱不宜设置在卫生间等潮湿场所隔墙、电梯井道等处，以满足防潮、隔声的要求。

2）在装配式混凝土结构建筑的预制墙上安装配电箱和配线箱通常采用的做法见图 E.1-6。

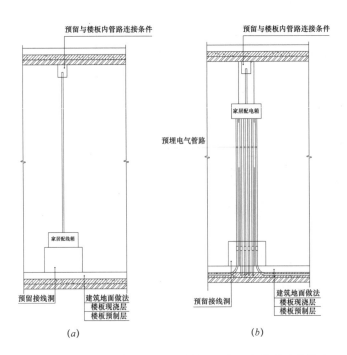

图 E.1-6　家居配电箱、家居配线箱预埋与电气管线连接做法

（a）家居配电箱预埋与电气管线连接做法；（b）家居配线箱预埋预埋与电气管线连接做法

3）家居弱电箱宜暗装在套内走廊、门厅或起居室等的便于维修维护处。当设置在（玄关）橱柜等储物空间或内装部品内时，可明装。

4）家居配电箱与家居弱电箱设置在（玄关）橱柜等储物空间或内装部品内时，可在柜橱内明装，家具隔板等不应影响开箱操作。

5）当 SPCH 住宅外墙与分户墙采用装配整体式钢筋焊接网叠合混凝土结构剪力墙时，应考虑墙体技术、生产特点优化设计，应尽量简化湿模台面的预埋预留，将预埋预留工作量较多的一面作为干模台面。相关要求请参见中国工程建设标准化协会标准《装配整体式钢筋焊接网叠合混凝土结构技术规程》T/CECS 579—2019。

E.2　SI 电气管线分离技术

1. SI 电气管线分离技术特点

SI 技术体系采用了与支撑体完全分离的双层天花板、架空地板、墙面管线夹层这样的填充体。管线通过在这样的填充体夹层内敷设。

对应建筑填充体夹层做法，可分为双层天花板、架空地板、墙面管线夹层电气管线敷设技术。管线夹层电气管线安装做法见图 E.2-1。

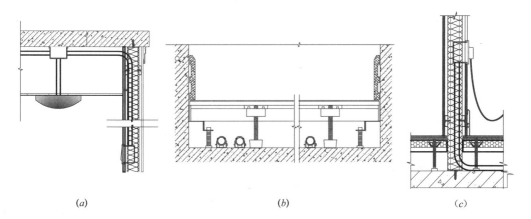

（a）　　　　　　　　　　　　（b）　　　　　　　　　　　　（c）

图 E.2-1　双层天花板、架空地板、墙面管线夹层电气管线安装做法示意图[①]

（a）双层天花板安装灯具管线安装做法示意图；（b）架空地板内管线

安装做法示意图；（c）双层地板管线安装做法示意图

2. 双层天花板电气管线技术

即利用双层天花板（吊顶）内敷设管线。管线沿顶板在双层天花板明敷。这种方式在我国公共建筑中较为多见，考虑到净高因素，在我国普通住宅建筑中，客厅卧室等房间内很少采用双层天花板，但在卫生间、厨房处较为普遍。按我国建筑法规要求，吊顶内敷设电线电

---

① 架空地板内管线安装示意图中地板节点参考中国院装配式工程设计院实际项目做法。

缆需采用穿管、线槽等保护措施。在日本，《住宅质量确保促进法》要求新建住宅需设置双层天花板，而且按照日本的建筑业法规，双层天花板内的电线用挂钩吊住敷设，无需穿管。

3. 架空地板电气管线技术

地板被地脚螺栓支撑起来，管线沿顶板在架空地板内沿底板明敷。架空地板内空间应满足各专业管线交叉的要求，可在架空地板内设置小功率无线 AP 与接收天线等设备实现无线信号的覆盖。

4. 墙面管线夹层电气管线技术

指轻钢龙骨隔墙或墙面夹层等填充墙体内敷设管线的敷设方式。

SI 技术体系的电气管线分离技术的优势在于其灵活性、可维护性很高，实现了 SI 住宅的初衷。在我国的普通住宅项目中，由于一般采用现浇钢筋混凝土结构，不易完全照搬实施。空间灵动家 SPCH 的管线技术受其启发，研发了兼顾灵活性与成本，工业化、定制化水平较高的管线技术，具体请参阅本书第 4.5 节内容。

E.3 智能家居技术

1. 智能家居系统构成

智能家居系统包含的主要子系统有：智能安防系统、消防系统、智能设施管理系统、智能健康子系统、智能环境系统、智能娱乐系统、智能家电系统等。见表 E.3-1。

智能家居系统子系统要素分级表　　　　　　　　　　　　　　　表 E.3-1

子系统	功能分类	功能要素
智能安防子系统	视频监控	摄像机/录像存储
	对讲与门禁	智能门锁/可视对讲
	入侵报警	移动探测/门窗报警/玻璃破碎
		紧急求助装置/周界电子围栏
消防系统	火灾报警	感烟火灾探测/可燃气体探测
	火灾警报	火灾报警控制/火灾声光警报
智能设施管理子系统	能耗监控	供配电系统状态监控/设备用电管理
	供水监控	水路状态监控/矿化度（TDS）/水质硬度
		冷热水用水智能控制
	通信状态监控	有线与无线网络状态监控
智能健康子系统	空气质量与舒适度监控	温度/湿度/二氧化碳浓度监控
		一氧化碳/臭氧/甲醛/粉尘颗粒浓度监控
	健康与养老医疗系统	自主检测及预警/智能医疗分析/远程医疗
		跌倒紧急呼叫/血压睡眠监控/远程医护监控
智能环境子系统	智能照明	自然采光管理/人工照明控制/气氛照明控制
	空气系统	室内温度控制/室内湿度控制
		室内通风控制/空气净化系统

子系统	功能分类	功能要素
智能娱乐子系统	娱乐设备	家庭影院系统/背景音乐
		数码移动终端/游戏设备
	播放控制	智能电视/智能音箱/无线同屏
	数据存储	互联网数据/家庭网络储存 NAS
智能家电子系统	远程控制	开关状态/定时控制/云端管理
	信息采集	运行设定状态/历史数据分析/情景模式
		环境信息/健康信息/家居设备设施信息
	状态警示	到期提醒/运行异常提醒/紧急情况报警

2. 智能家居的设置位置与功能配置

智能家居在 SPCH 住宅内设置的相应场所与器件、功能参考配置表，可根据项目定位等具体情况参考表 E.3-2 选用具体配置。

智能家居设置位置与器件、功能参考配置表 表 E.3-2

设置位置	设备模块	实现功能
门厅	灯具智能控制模块	门厅照明控制
	人体感应模块	进出门自动亮灯
	智能门锁	智能安防
	门磁报警器	入侵报警
	视频监控探头	安防监控
餐厅、厨房	灯具智能控制模块	餐厅、厨房照明控制
	智能冰箱等智能厨电	智能厨电的控制
	燃气泄漏报警模块与控制器	燃气泄漏探测与切除
	漏水报警模块	漏水报警
	新风净化主机与智能控制器	空气质量控制
客厅	智能控制主机	智能家居主控制节点
	智能网关	智能家居无线信号覆盖
	智能影音设备	智能娱乐
	灯具智能控制模块	客厅照明控制
	智能窗帘机	窗帘智能控制
	视频监控探头	安防监控
	窗磁、双鉴探测器	入侵报警
	可视对讲机	访客对讲
	紧急呼叫按钮	应急报警
	空调控制模块	空调智能控制
	空气质量监控模块	空气质量监控

设置位置	设备模块	实现功能
主卧室	智能音箱	语音控制与娱乐等
	灯具智能控制模块	卧室照明控制
	感应夜灯	起夜照明
	智能窗帘机	窗帘智能控制
	窗磁、双鉴探测器	入侵报警
	睡眠监控模块	睡眠质量监控
	紧急呼叫按钮	应急报警
	空调控制模块	空调智能控制
	空气质量监控模块	空气质量监控
次卧室	智能音箱	语音控制与娱乐等
	220V 灯具智能控制模块	卧室照明控制
	感应夜灯	起夜照明
	智能窗帘机	窗帘智能控制
	窗磁、双鉴探测器	入侵报警
	睡眠监控模块	睡眠质量监控
	空调控制模块	空调智能控制
	空气质量监控模块	空气质量监控
卫生间	智能魔镜	卫生间信息交互界面
	智能体重秤	智能健康
	感应夜灯	起夜照明
	智能马桶	智能卫生
	智能热水器	热水智能控制

E.4 无线技术

应用无线技术可以极大简化管线系统，灵活性高，成本可控，安装方便灵活，适用于智能化与通信系统（包括智能家居）。

1. 主要无线通信技术特点

物联网、智能家居等新兴技术对无线技术蓬勃发展起到了极大的推动作用，各种新型无线技术层出不穷，下面对较为具有代表性的无线技术的技术特点做介绍与对比。已经成功应用的无线通信技术方案主要包括：射频（RF）技术、VESP 协议、IrDA 红外线技术、HomeRF 协议、Zigbee 标准、NB-IoT、eMTC、LoRa、SigFox 技术等。其中 Zigbee、WiFi 是较为多见的智能系统无线通信协议。比较有代表性的无线技术细节对比见表 E.4-1。

主流无线技术对比表　　　　　　　　　　　　　　表 E.4-1

项目	RF 射频	Bluetooth 1～4	WiFi（IEEE802.11a/b/g/n）	Zigbee（IEEE 802.15.4）	NB-IoT/eMTC
发布时间	1894	1998	1997	2001	2016
无线频率（Hz）	315M、433M 等	2.4G	2.4G，5G	2.4G	1GHz 以下授权频谱
调制方式	模拟-> GFSK	GFSK π/4-DQPSK 8DPSK	DSSS/OFDM 等	BPSK/QPSK	BPSK/QPSK
典型发射功率	5mW（7dBm）	2.5mW（4dBm）	终端 36mW（16dBm） AP320mW（25dBm）	1mW（0dBm）	1mW（0dBm）
典型传输距离	50～100m	10m	50～300m	50～100m	20km
网络结构	点到点	Piconet Scatternet	蜂窝	动态路由自组网	无线蜂窝网络
通信速率（bps）	1.2～19.2K	1M	1～600M	250K	200K/1.4M
网络容量	取决于协议	8，可扩展至 8+256	50，取决于 AP 性能	255，可扩展至 65000	10 万
协议规范	VES-P	蓝牙技术联盟	IEEE 802.11 系列	IEEE 802.15.4	3GPP 联盟
安全与加密	AES-128	秘钥（LFSR）	WEP、WPA 等	CRC、AES-128	UEA、EEA、NEA 等
典型应用	遥控、门铃	鼠标、无线耳机、手机等	无线局域网	物联网	户外物联网、LPWAN 等

（1）Zigbee 协议具有自组网、窄带宽短距低功耗、加密等特性有比较多的优势，智能家居应用较多。

（2）WIFI 作为低成本、最易与互联网连接的智能家居技术解决方案也应用广泛，WiFi 带宽高，功耗大，不适于由仅靠电池供配电的智能家居设备，同一个网段内节点较多时对 AP 性能要求较高。

（3）蓝牙 5.0 对于覆盖范围、传输速度、导航、能耗等做了优化，在物联网与智能家居应用方面有较好的前景。

（4）NB-IoT、eMTC 等无线通信技术衍生而来的物联网通信技术可靠安全，覆盖范围广，在 5G 通讯时代有着广阔的应用前景。通信点位需接入电信运营商的移动信号网络，尤其适用于除移动网络外的网络技术覆盖困难成本高的情况，或网络稳定性、安全性要求较高的情况。

2. 信号的覆盖

Zigbee、蓝牙、WiFi 无线信号多工作在 2.4GHz，信号易受到钢筋混凝土墙、金属板等的屏蔽及同类信号的干扰，应注意根据住宅布局安装或预留 AP 与网关安装条件以保证无线信号的覆盖。

参 考 文 献

[1] 崔宏，王俊杰. 房屋建筑的起源及其原始功能［J］. 建筑科学，2012，13

[2] （英）加得纳. 汪瑞译. 人类的居所：房屋的起源和演变［M］. 北京：北京大学出版社，2006

[3] 彭一刚. 建筑空间组合论［M］. 北京：中国建筑工业出版社，1998

[4] 亚伯拉罕·哈罗德·马斯洛. 人类动机理论［J］. 心理学评论，1943

[5] 刘宝铭，孙建广，檀润华. 需求理论及需求进化定律［J］. 科技管理研究，2011

[6] 朱道才. 发达国家住宅产业现代化及启示［J］. 合肥学院学报：自然科学板，2006，23（2）：80-83

[7] R F. Competitiveness in construction：A critical review of research［J］. Cons2-3

[8] 李忠富. 国外住宅科技状况与发展趋势［J］. 住宅科技，200，3：34-47

[9] Richard Weston，The House in the Twentieth Century，London：Laurence King Publishing，2002

[10] Pean. Y. S. H Developrent of a design plan for irdustrialized bousing in Chongqing，Wuhan，China. 2009［J］. IEEE Computer Society. 2009

[11] 刘康. 预制装配式混凝土建筑在住宅产业化中的发展及前景［J］. 建筑技术开发，2015，1：7-15

[12] 乔治·克劳兹. 控制论与暂学［M］

[13] 鞠瑞红. 住宅产业化进程中的 SI 住宅体系设计研究［D］. 济南：山东建筑大学，2011

[14] 陈哲. 住宅平面弹性设计初探［D］. 天津：天津大学，2006

[15] 闫风英. 居生行为理论研究［D］，天津：天津大学，2005

[16] 周胜. 既有居住空间改造再利用方法与模式研究——以太原市为例［D］. 太原：太原理工大学，2010

[17] 李乐茹，大连城市地家庭式养老院空间构成研究［D］. 大连：大连理工大学，2008

[18] 李桦，宋兵. 公共租赁住房居室工业化建造体系理论与实践. 北京：中国建筑工业出版社，2014

[19] M. A. Vinovskis ard L. MeCall：changing Approaches to the stutdy of Family Life，in American Families［M］. ed. by J. M. Hares and E I. Nybakken，NewYork：Greenwood Pres，1991

[20] 王蔚. 模块化策略在建筑优化设计中的应用研究［D］. 湖南大学博士论文，2012

[21] 工业化住宅尺寸协调标准 JGJ/T 445—2018［S］

[22] 刘加平. 绿色建筑——西部践行［M］. 北京：中国建筑工业出版社，2015.

[23] 刘加平，高瑞，成辉. 绿色建筑的评价与设计［J］. 南方建筑，2015（02）：4-8.

[24] 王琰，李志民，赵红斌. 基于使用者行为需求的建筑设计模式研究［J］. 西安建筑科技大学学报（自然科学版），2009，41（04）：544-548.

[25] 刘大龙，刘加平，杨柳，王稳琴. 建筑气候区域性研究［J］. 暖通空调，2009，39（05）：93-96.

[26] 杨柳. 建筑气候分析与设计策略研究［D］. 西安：西安建筑科技大学，2003.